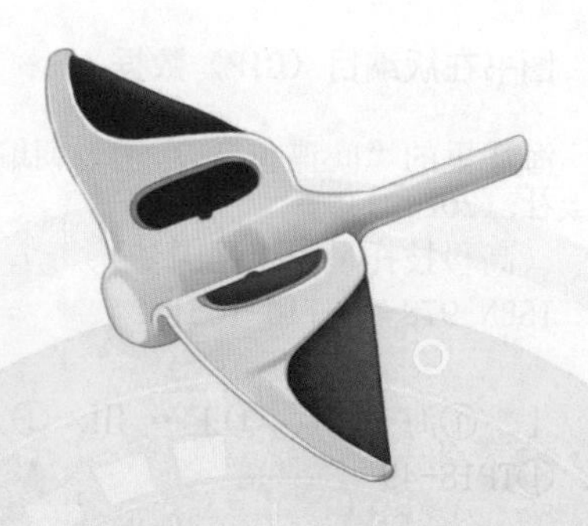

高科技托举少年强国梦

海洋里的“间谍鱼”

王令朝◎编著

晨光出版社

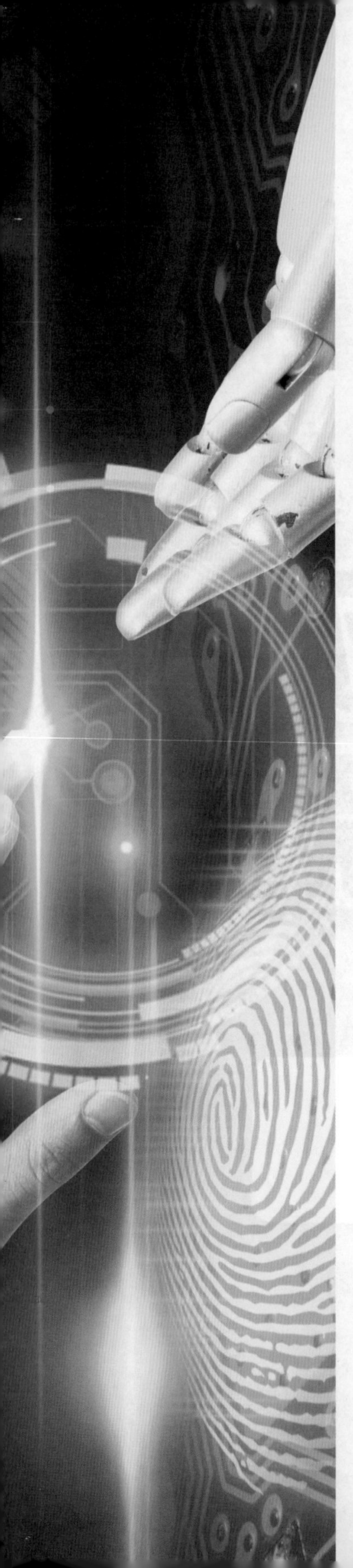

图书在版编目（CIP）数据

海洋里的“间谍鱼” / 王令朝编著. -- 昆明 : 晨光出版社, 2024.11

（高科技托举少年强国梦）

ISBN 978-7-5715-1651-2

Ⅰ. ①海… Ⅱ. ①王… Ⅲ. ①人工智能一少年读物 Ⅳ. ①TP18-49

中国版本图书馆CIP数据核字(2022)第191339号

高科技托举少年强国梦

海洋里的“间谍鱼”

王令朝◎编著

HAIYANG LI DE "JIANDIE YU"

出版人 杨旭恒

策　　划 程舟行　朱凤娟
责任编辑 朱凤娟　穆　夏
插　　画 吉春明
装帧设计 魏　宾　汪建军　付国琴
责任校对 杨小彤
责任印制 廖颖坤
出版发行 晨光出版社
地　　址 昆明市环城西路609号新闻出版大楼
邮　　编 650034
电　　话 0871-64186745（发行部）

排　　版 云南安书文化传播有限公司
印　　装 云南出版印刷集团有限责任公司国方分公司
经　　销 各地新华书店
版　　次 2024年11月第1版
印　　次 2024年11月第1次印刷
书　　号 ISBN 978-7-5715-1651-2
开　　本 170mm×240mm　16开
印　　张 8
字　　数 120千
定　　价 32.00元

晨光图书专营店：http://cgts.tmall.com

纵观人类发展的历史，科技创新始终是人类社会、经济发展的动力和源泉。科技是国家强盛之基，创新是民族进步之魂。目前，中国经济建设进入了一个全新的发展阶段，科技是促进经济发展的强劲动力，也是实现“两个一百年”奋斗目标的有力支撑。

当今，我国所处的国内外环境发生了深刻复杂的变化，我国“十四五”时期以及更长时期的发展对加快科技创新提出了更为迫切的要求。也就是说，我国经济、社会发展和民生改善比过去任何时候都更需要科学技术层面的解决方案。我们必须走科技创新的新路，在原始创新能力上实现更多“从0到1”的突破，这是当今科技工作者义不容辞的责任。

为了使青少年了解世界先进科学技术、我国科技战线取得的进步和成果、未来科学技术的发展趋势以及发扬我国科研团队和领军人物艰苦奋斗、坚持不懈的精神，我编著了“高科技托举少年强国梦”系列图书，借此引发青少年对科学技术的关注和兴趣，进而提高青少年的科学素养，同时为培养后备高端科技人才打下基础。

“高科技托举少年强国梦”丛书包括《“变脸”细胞》《中国空间站》《海洋里的“间谍鱼”》3个分册。每个分册均以图文并茂形式呈现，力求通俗易懂，达到科学性、趣味性和知识性的统一，让读者有兴趣读，并收获一份难得的课外阅读时光。

在《海洋里的“间谍鱼”》分册中，你可以看到：中国轨道交通当惊世界殊、数字人民币、无人驾驶、厉害的中国高铁、海洋里的“间谍鱼”、智能船、“靠脸吃饭”的时代来了、钢铁穿山甲、复活《清明上河图》、发电玻璃……这些前沿科学知识，将展现它们的“真面目”，为你打开一扇科技之窗。

本册旨在让青少年学习科学知识的同时，培养科学探索精神，提高运用科学思维独立解决问题的能力，助力于青少年的素质教育，青少年的想象力、创造力、责任感和合作精神的培养。

可以说，打开任何科学的钥匙都是一个问号，伟大的科学发明离不开多问几个“为什么”，生活的智慧也来源于逢事问个“为什么”。本册可以帮你找到不少想要的答案。

我真诚地祈愿，即使时光不断向前，这套“高科技托举少年强国梦”丛书不会像时光那样匆匆流过，而是像一盏灼灼明亮的心灵之灯，照亮每位读者朋友的科学之路、知识之路和奋斗之路。

最后，我由衷地感谢姜美琦、王晨逸、曹峻为丛书提供的帮助和支持。

王令朝

2024年11月

目录 Contents

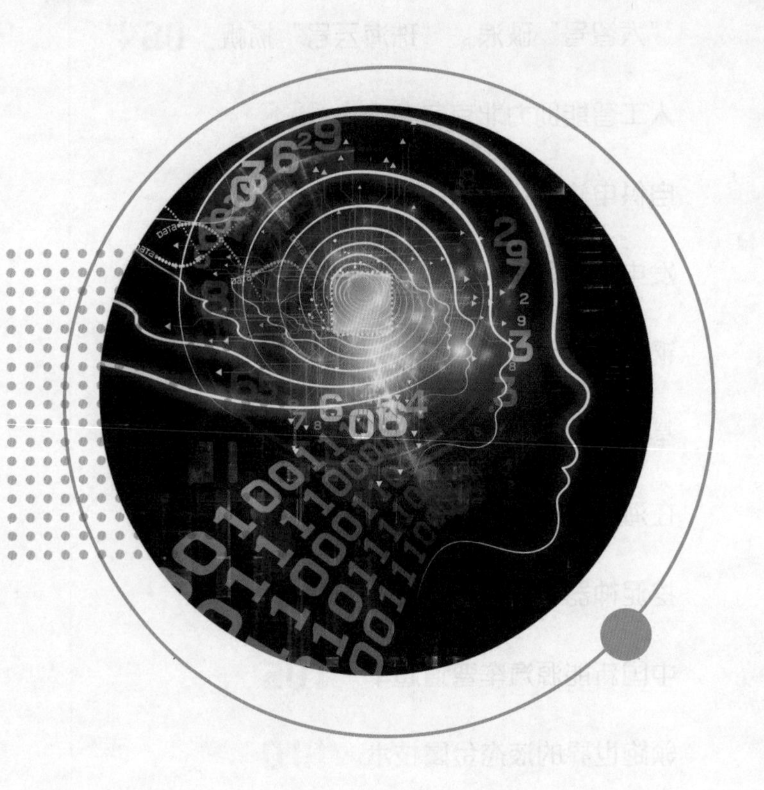

量子计算机——计算机界的“战斗机”

芹芹同学是个电脑迷。每天放学回家后，除了完成家庭作业，就是在电脑上了解国内外新闻大事和有益于青少年身心健康的相关知识。有时候遇到网络拥堵、网速变慢，急得几乎要哭泣。于是乎，芹芹总是向爸爸妈妈抱怨，什么计算机内存、硬盘配置不够好啦，甚至埋怨应用软件不够丰富、版本更新太慢……

有一天，芹芹上网时不经意间看到了一条消息：中国科学院量子信息和量子科技创新研究院报道，世界上第一台超越传统模式计算机的量子计算机已在中国诞生，霎时间惊动了世界计算机界。芹芹不由得想，那个超级量子计算机究竟有多厉害呢？

周六下午，芹芹终于见到了在计算机研究所工作的舅舅。“小丫头，又碰到什么难题了吧。”芹芹连忙点了点头，把自己的疑惑

告诉了舅舅。

舅舅听明白芹芹的问题之后，告诉芹芹："当某个物理装置运算、存储和处理的是量子信息，运行的是量子算法时，这种物理装置就叫作量子计算机。换一个通俗的说法就是，如果把现在传统的电子计算机比作自行车，那么，量子计算机就好比是飞机，它们的速度不在一个等级上。"

芹芹接着问舅舅："那么，传统计算机和量子计算机这两者差别在什么地方啊？"

舅舅说："量子计算机被称为计算机界的战斗机，它能获得这个美誉，与它的计算原理密切相关。大家都知道，现有的传统电子计算机，1个物理比特①只能存储一个逻辑状态，也就是说，或者是0，或者是1。然而，量子计算机利用的是量子的相干叠加原理，它可以在两个逻辑状态0和1之上产生出相干叠加态，换句话说，1个量子比特可以同时存储0和1两个逻辑状态。这就意味着量子计算机的处理能力将随着比特数的增加而呈现指数级上升的态势。如果量子计算机有N个比特，它只要一次就可以完成2的N次方个数的数学运算，而传统电子计算机必须要进行N次2的N次方的数学运算，才能获得同样的结果。你说厉害不厉害？”

芹芹追问舅舅：“那么，如此厉害的量子计算机可以应用到哪些领域呢？”

舅舅告诉芹芹：“不言而喻，量子计算机的计算能力大大超过传统电子计算机，这可以为传统电子计算机无法解决的大规模计算难题提供有效的解决手段。科学家将量子计算机和传统电子计算机做了比较。假设分析一个运算量超级大的科研课题，如果使用万亿次的传统计算机需要15万年，那么使用万亿次的量子计算机则仅需要1秒。由此可见，量子计算机的应用领域大大超过了传统电子计算机，为人们深入探索、研究、开发各种新技

术、新材料、新设备、新工艺和新方法提供了前所未有的创造能力和条件。”

芹芹又问舅舅：“那么，世界各国发展量子计算机的前景和趋势又是怎样的呢？”

舅舅回答芹芹：“计算机学科的专家预测，未来10年量子计算机的能力可以超越传统电子计算机中计算能力最强的超级计算机。量子计算机处理特定问题的能力可以达到现有最强超级计算机的百亿亿倍。正是因为量子计算机的巨大潜在价值，很多国家都在积极整合各方面研究力量和资源，开展协同攻关，一些大型高科技公司也强势介入量子计算机的研究开发。”

芹芹又问舅舅：“那么，我国在量子计算机研发方面取得了什么进展呢？”

舅舅告诉芹芹：“中国科学家已经取得了一批亮眼的成就。据有关部门披露，开发研制量子计算机已被列入国家人工智能2.0计划之中。2020年12月，中国科学技术大学宣布：该校潘建伟团队与中科院上海微系统所、国家并行计算机工程技术研究中心合作，历经多年的艰苦奋斗，成功研制出了量子计算原型机‘九章’。量子计算机之所以取名为‘九章’，是为了纪念中国古代著名数学专著《九章算术》。实验显示，量子计算机‘九章’对经典数学算法高斯玻色取样[②]的计算速度，比日本超级计算机‘富岳’快100万亿倍。诸如密码分析、气象预报、药物设计、金融分析、石油勘探、人工智能、大数据等难题，都可以交给它解决。”

芹芹听了舅舅的介绍，清楚地了解了量子计算机的卓越本领。

①比特（Bit）：表示信息量的最小单位，只有0、1两种二进制状态。

②高斯玻色取样：是一种计算概率分布的算法，可用于计算机编码和求解多种数学问题。

中国轨道交通当惊世界殊

金金同学生活在超大城市上海，每天上学的途中车多、人多是屡见不鲜的景象。汽车龟速移动、人群行走缓慢，花费了人们大量的时间。他心想，如果高速的地铁等轨道交通线路覆盖面更广，那么更多的人就能轻松快捷地上下班、上学和放学回家了。

因此，金金开始留心关注高速轨道建设的信息。于是在他的资料库里有了不少专题信息。比如，在全球范围内，道路拥堵压力加大、环境污染问题突出，已成为当今典型的“大城市病”，而优先发展城市轨道交通也是当今世界各国解决“大城市病”的共同选择。当然中国也不例外。

有关数据显示，1995年以前，中国拥有城市轨道交通的只有北京、天津、上海3个城市的4条线路，总里程仅70千米。而当时世界上运营城市轨道交通超过300千米的城市就有纽约、伦敦、巴黎、莫斯科和东京。然而，经过短短几十年的奋斗和努力，如今中国城市轨道交通的规模和里程已经从滞后100多年跃居世界第一位。

城市轨道交通通常以电能为动力，采取轮轨运输方式。城市轨道交通分为地铁、轻轨、单轨、有轨电车、磁悬浮、自动导向轨道、市域快速轨道7种制式系统。中国城市轨道中，地铁开行的里程占到总里程的一半以上，因此可以说地铁是城市轨道交通系统的主力军。

我国的城市轨道交通线路除里程迅猛增长之外，在技术方面也有令人亮眼的创新。

全自动无人驾驶地铁线已在国内诞生。2017年底开通的北京地铁燕房线、2018年4月开通的上海浦江线，拉开了城市轨道交通全自动无人驾驶的序幕。这种列车运行全过程均无司机和乘务人员介入，采用全自动运行的人工智能技术，这也是基于现代计算机、通信、控制和系统集成等技术，实现列车运行全过程自动化的新型城市轨道交通系统。列车全自动运行系统不仅是技术装备自动化水平

的提升，而且是轨道交通技术水平和运营方式的全面提升。它以行车指挥为核心，通过信号与车辆、电力、机电、通信等多系统深度集成，在正常及故障情况下进行多专业自动联动，实现高安全、高可靠、高度自动化运行，已成为轨道交通系统发展的方向。2020年，北京市就新增了全自动运行线路300千米，上海市则新增全自动运行线路约130千米。

除此之外，地铁的检测、维护也已经从人工走向智能化，这种轨道交通系统的智能化检测和维护技术也将成为今后科技发展的一个新亮点。这种新的管理模式是建立在大数据基础上的，通过数据的采集、传输、处理、分析和监控加以实施，彻底打破了传统的设备事后线下检测、定期维护的落后模式，节省了大量时间，为延长地铁运营时间创造了良好条件。

如今，我国已编制出适应中国国情的互联互通技术标准，各条

地铁线路列车不管是全自动的还是普通的都可以通用。一些早期修建的地铁线路也已建立起新一代运行标准化体系，用来改变落后的技术装备。

这些信息回答了金金心中不少的疑问，也让他萌生了今后上大学选择轨道交通、高铁设计等专业的想法。

摸不着的钱——数字人民币

“钱”从看得见的纸币、硬币，变成了从手机里“扫”出来的货币，从摸得着到摸不着，这就标志着数字人民币问世了。

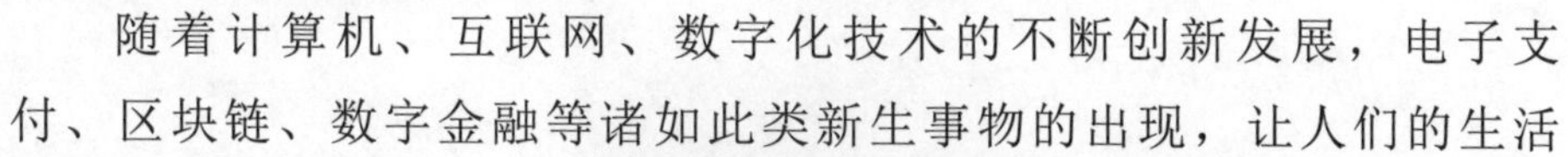

随着计算机、互联网、数字化技术的不断创新发展，电子支付、区块链、数字金融等诸如此类新生事物的出现，让人们的生活进入了数字化时代。“数字货币”这种前所未有的摸不着的货币，彻底颠覆了人们自古以来对传统现金货币的认知。数字货币的应用，可以大幅度地提高零售支付的便捷性、安全性和防

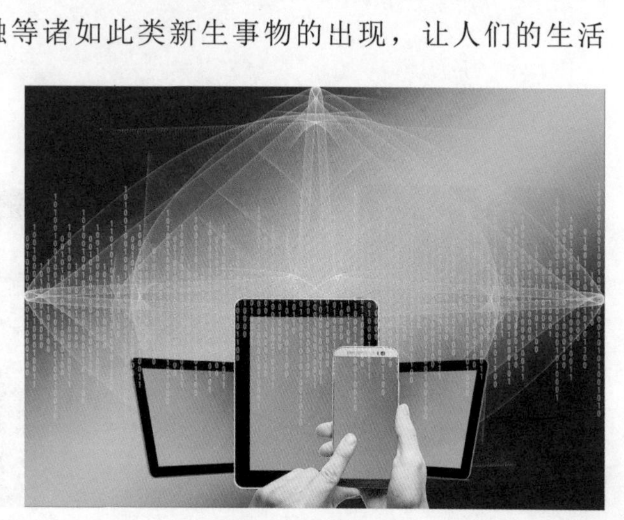

伪水平，助推我国数字经济快速发展。

2014年，中国人民银行成立了专业团队，开始对数字货币发行框架、关键技术、发行流通环境及相关国际规则等问题进行专项研究。2017年末，经有关部门批准，中国人民银行组织部分实力雄厚的商业银行和有关机构共同开展数字货币、电子支付的研发，基本完成了顶层设计、标准制定、功能研发、联调测试等工作。如今，数字人民币已在全国多个省份试行。自试点启动以来，数字人民币应用场景日益广阔，给人们的生活带来了很多便利。

从广义的角度来看，所谓数字货币简单地说，就是指对有形实物货币进行数字化处理所形成的一种以电子形式出现的法定钞票，但这种数字化处理并非单纯地进行电子扫描，而是需要经过诸如币值、编号、加密、发行等一系列特殊制作程序。而从技术视角出发，数字货币实际上就如同数字签名一样，数字货币本身就是一种新型的数字钞票，而并不是对应物理性的纸钞，但它与纸钞一样具有同等的法定地位。它也不是近几年兴起的形形色色的虚拟货币。

以人民币为例，我国现行流通的纸币和硬币是由中国人民银行发行的法定货币，数字货币同样也是由央行发行的法定货币。这和国内出现的诸如网络游戏币和一些互联网公司发行的币种是完全不一样的，那些币不是真正意义上的法定货币，只是有一定价值的虚拟资产，且只能在某些特定的范围或场合中有效使用。

中国人民银行发行的数字货币是不会完全替代纸币和硬币的，其功能和属性与纸币和硬币相似，只不过它的形态是数字化的。在相当长的时间内，法定数字货币与纸币和硬币将会共存。

那么，发行数字人民币有必要吗？

第一，一旦用数字货币替代纸币，央行就可以大幅降低发行和使用纸币、硬币的成本，因为它们从发行到流通全过程是需要管理的，包括遗失、破损、发行、回笼等。若每人都拥有实名认证的数字钱包，那么借记卡、信用卡都将消失，就连纸币、硬币携带的各种细菌也将与持有者绝缘。

第二，数字人民币拥有纸币无法比拟的安全性，它的区块链分

布式冗余存储技术保证了其不会发生被篡改、盗窃或灭失等恶性事件，即使是存储数据设备发生故障，它也能轻松地恢复，人们再也不必担心钱币随身携带被偷、提前取出存款损失收益、跨境汇款费用高和数错钱币数量等问题。

第三，每一个数字人民币在区块链系统中不仅都有一个确定的归属，而且还有从发行到流通和交易的全部记录，央行可以对数字人民币进行全方位的监管，杜绝诸如造假、洗钱、套汇、逃税漏税、违规拆借等恶性金融事件的发生。

可以说摸不着的数字人民币能让人们的工作和生活变得简单便捷，个人资金财产得到有效保护。

人与物、物与物的对话

条形码人人都接触过，只要你花钱买东西，那个扫码枪靠近商品的条形码一扫就报出了商品价格。然而你注意到没有，现在一些商店里的商品不仅有条形码，还多了一个电子标签，它的功能又是什么呢？

所谓电子标签，又称为射频识别技术，它通过射频信号识别物品并读写相关数据。射频识别系统通常由阅读器、应答器、微型天线及应用软件等组成。当阅读器向电子标签发送射频信号时，电子标签凭借天线感应可获得所需的电能，从而将物品信息发送出去；或者由

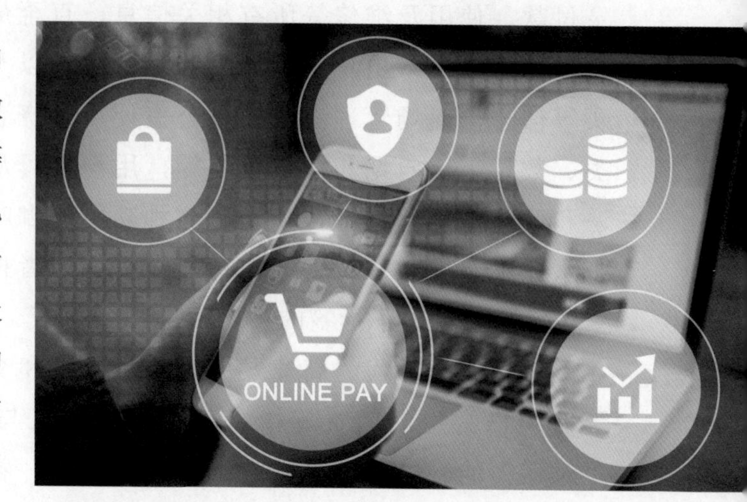

电子标签主动发送编码信息，阅读器依序读取信息后，再送至中央信息系统进行处理。与每个人都有一张身份证一样，每件物品电子标签都有唯一的电子编码，而且它会伴随物品“一生”，这是条形码做不到的。比如，在多台同一品牌、同一型号的电视机中，电子标签可以反映出哪些是制造商自己生产的、哪些是合资厂生产的，电视机是何时、何地、以何种方式从工厂运到商场的，也会随时记录付款、使用及维修等所有相关信息，直至最终废弃为止。又如，制造商可以足不出户追踪产品储存、发运以及何时、何地、何人购买等信息，商场管理者坐在办公室便可知晓仓库或货架上商品的种类、数量、保质期和摆放位置等，用户则可从中了解产品的使用方法和联络维修单位。再如，有这种功能的咖啡壶会提醒主人应放多少水才不至于太浓或太淡，药瓶会提醒患者按时服药、服用多少剂量……这就是电子标签的神奇本领。

随着信息时代的高速发展，信息处理和交流已成为人们工作、学习和日常生活的主旋律。其中，这种人与物、物与物之间进行“对话”的网络，就是武艺高强的物联网。物联网使人们走进全新

的生活，无论是消费还是娱乐，都会发生不可思议的变化，便利购物就是其中一个缩影。物联网利用传感器、电子标签、计算机等技术，把人、物品、环境等信息汇集后，将它们传送到使用者的终端装置上。如果说，互联网是亿网万民最大的信息交流平台，它让世界变成一个“地球村”，那么，物联网就是万事万物最大的信息仓库，它让千万物品“开口说话”“触手可及”。物联网与互联网的最大不同是，它能让世界上所有物品通过网络进行信息交换，让物品与人们零距离地接触、交流。也就是说，物联网是借助于传感网技术和电子标签技术主动感知外部事物，辨识万物百态，并把这些信息通过计算机网络传递给人们。难怪乎，有的互联网信息研究专家大胆预言：物联网将会引发继计算机、互联网之后的第三次信息产业革命。

那么，这种物联网的功能是怎样实现的呢？

物联网拥有数量庞大的“传感器节点”群，它们被安装在需要感知物品的区域内，不仅能主动收集物品信息，而且通过网络可在“节点”之间进行多次转发，最终把感知到的信息传向四方，供人

们使用。例如，你在出门前，用手机输入前往地点，当地天气、交通等情况便能一览无余。又如，当你忙于处理电子邮件时，只要轻点电脑，物联网就可以勾勒一幅引人入胜的画面：早晨起床，喜爱的音乐会自动响起，窗帘也会自动拉开，……再如，当你购物时，冰箱会告诉你“它”还有多少食物，这些食物是否临近保质期……物联网就像如来佛的手掌，所有物品尽在掌控之中。

这些神奇的功能就像一个无声的对话者，满足你的生活所需。

无人驾驶

2023年新年的第一天，在苏州相城区举行了“新年第一跑”活动，然而参赛者不是运动员和热爱跑步的市民，而是130多台无人驾驶汽车。它们是无人小巴、无人重卡、无人清扫车等。这个“新年第一跑”立马圈粉上万，关于“无人小子”的视频刷爆了。其实近几年，好多城市都出现了无人驾驶的相关报道。比如上海自贸区临港新片区使用无人驾驶公交车，无锡锡东新城商务区开通了三条无人驾驶小巴接驳线路。

如今，各种型号的无人驾驶车辆，如雨后春笋般涌现出来。它们凭借自身不同的功能、用途，大展身手。

比如无人驾驶公交车会自动鸣笛启动、打开转向灯、驶入机动车道、加速直线前行；一旦遇到前方障碍物，它就会变道避让绕行；路口转弯遇到超车时，也会自动减速。

你可能会问：无人驾驶公交车是如何做到像“老司机”一样开车的呢？

那就让我来说说无人驾驶车辆的高超本领。比如有一款无人驾驶公交车，它安装了8个传感器，包含摄像头、激光雷达、毫米波雷达、超声波雷达、高精度组合惯导等装置，它们各司其职，分别承担识别周边路况、信号、标志、车辆、行人等功能。在无人驾驶公交车行驶过程中，各种装置所收集到的信息会全部汇总到一台计算机中。这台被专家们称为“大脑”的计算机，就是负责控制无人驾驶公交车行驶的“司令部”。“大脑”主控制器会依据汇总的信息，判断当道路前方信号灯显示交通情况和障碍物时，发出相应指令，无人驾驶公交车的驱动系统会立即响应，做出相应的减速、超车、转向或变道、停车等。一旦遇到紧急情况，无人驾驶公交车也

会依据情况的紧急程度，采取减速、制动等不同的处置方式。

车上的雷达可探测到距车身200米范围内的障碍物，车头设置的单目摄像头，可以识别前方行人、红绿灯和车辆种类。高精度的组合惯导定位系统可以做到厘米级别的高精度定位，借助夜视摄像头与毫米波雷达的超级融合可以清晰地感知复杂路面，从而使无人驾驶公交车能够实现白天、夜晚的全天候智能驾驶功能，不受天气、路面、周边环境等多重因素的影响。

近几年，我国的人工智能领域发展迅猛，无人智能驾驶仅是探

索人工智能技术应用的实践之一。通过“中国制造2050”[1]计划的实施，创新和研制的不断涌现，可以相信我国定能实现中国制造向中国智造、中国建设向中国质量、中国产品向中国品牌的升级转变。

①中国制造 2050：是中国政府提出的战略目标。旨在到 2050 年的时间段内推进制造业转型升级，实现中国制造业智能化和可持续发展。

海洋里的“间谍鱼”

庆庆同学是个海洋迷，特别喜欢了解有关海洋的各种知识，还喜欢看介绍海洋生物的图书和纪录片。每逢周末或节假日，庆庆只要有空余时间，都会去科技馆泡一天。

今天是个周末，庆庆一大早就起床了，收拾好书包便直奔科技馆。科技馆里的海洋馆是庆庆每次必去的打卡之地，那里面展板上的知识，庆庆几乎可以背出来。但今天，当庆庆走进海洋馆时，他几乎惊掉了下巴，嘴巴张得大大的，半天说不出话来。原来海洋馆里安置了一个新的巨大的球幕水柜，几条黑色的鲨鱼在水柜里游来游去。

“小朋友，”忽然有声音传来，

庆庆回过神来，看见一个讲解员叔叔正朝他走来，“你能看出哪条鲨鱼是假的吗？”

“假的？”庆庆的眼睛睁得又大又圆。

“是的，这条就是仿生鲨。”讲解员叔叔指着其中一只鲨鱼说。

于是，庆庆在讲解员叔叔的介绍中知道了与仿生鲨、间谍鱼等水下机器人相关的好多知识。

水下机器人是鱼类学、水力学、机械学、电子学、控制学和计算机学等学科的综合研究成果，它能帮助人类在水下进行勘探、搜救、巡逻、清除海洋垃圾、深海采样等工作。

庆庆好奇地问讲解员叔叔：“这条仿生鲨是不是电影里常说到的‘间谍鱼’？”

讲解员叔叔回答说：“是的。间谍鱼说到底是一种水下机器人。为了不被对方发现，它的外形被设计成鱼形，其身体内装有一台小型发动机，能像潜艇一样在海洋里下沉、上浮和航行。除此之外，在“鱼”体内还安装了各种电子侦察设备，用来收集水中的各种信息，并通过无线电信息发送装置，将收集到的信息送回到母船或岸上基地。”

庆庆迫不及待地问叔叔：“那么，水下机器人和我们平时所说的机器人有什么不同呢？”

叔叔告诉庆庆：“水下机器人也称无人遥控潜水器，是一种工作于水下的极限作业机器人。因为水下环境有很多未知的风险，加上人类能下潜的深度也有限，所以水下机器人已成为开发海洋的重要探测工具。无人遥控潜水器主要有两类，一类是有缆遥控潜水器，另一类是无缆遥控潜水器。”

庆庆在讲解员叔叔的讲述中，了解到我们中国海洋无人遥控潜水器已有不同型号问世。它们有好听、梦幻的名字：蛟龙、海龙、海斗、海马、深海勇士、奋斗者、彩虹鱼等。

2009年，我国的科考船“大洋一号”来到太平洋赤道附近海域进行科学考察，在东太平洋海隆“鸟巢”[①]区域观察到了罕见的巨大黑烟囱[②]。于是首次使用“海龙2号”准确抵达“鸟巢”千米深水域海底，对黑烟囱进行了自下而上、环绕式的全方位观察。

通过“海龙2号”的可视系统，我们能看到一个约有七八层楼高、直径约为4.5米的大黑烟囱（实际是形似）。这个庞然大物顶部喷冒着滚滚黑烟，它的周边有许多虾以及管状蠕虫群落等热液生物，大烟囱周边还分布着大大小小的黑烟囱群落，它们耸立在海底，形成一个类似云南著名风景区石林的海底地貌。“海龙2号”的多功能机械手准确抓获了黑烟囱里喷射出的约7千克硫化物样品。这一次中国自主研制的水下机器人“海龙2号”在千米下的海底开展摄像观察、热液环境参数测量、采集标

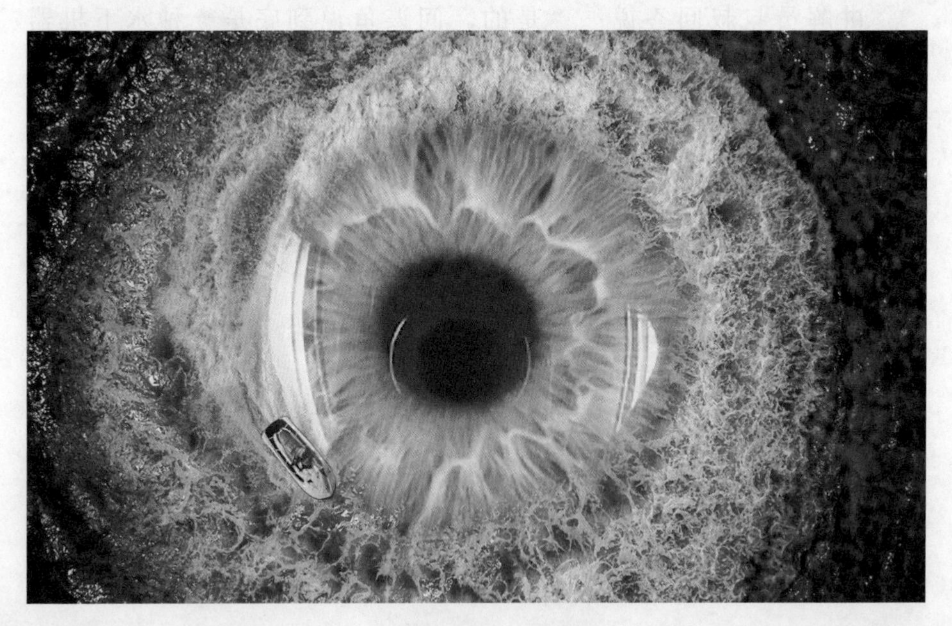

本等任务，体现了我国水下机器人高超的技术水平。

2020年，我国的“奋斗者号”在马里亚纳海沟成功坐底，坐底深度10909米，实现了万米级下潜及科考应用，创造了我国无人潜水器最大下潜深度纪录。

2021年，在无缆绳自主模式下，我国的“海斗一号”在万米深的马里亚纳海沟连续作业超过8小时，在海底走来走去的行程有14千米，并对许多巨大的凹陷区进行大范围的声学巡航探测，首次实现了万米下高清影像的拍摄。这标志着我国全海深无人潜水器领域的技术正在迈向国际领先水平，实行了“并肩跑”向“领头跑”的转变。

庆庆这一天泡海洋馆的收获满满，不仅知道了海洋馆里的鲨鱼有一条是“假”的，是仿生鲨，还知道了很多的关于深海科考探索的知识，真是“干货”装了一书包。庆庆心想，今后不但要关心海洋生物，而且要多学习探索海洋的科技知识。

①鸟巢：在这里是指鸟巢海底丘陵，这是我国首次向国际海底地名分委会（SCUFN）提出的七个海底地名提案中的一个名称。七个海底地名是鸟巢海底丘陵、彤弓海山群、白驹平顶山、徐福平顶山、瀛洲海山、蓬莱海山和方丈平顶山。这七个海底地形的名称，获得了国际海底地名分委会的审议通过，予以使用。

鸟巢海底丘陵的位置在东太平洋海隆1°~3°S地区。因其海底塌陷火山口酷似北京国家体育馆“鸟巢”而得名。

②黑烟囱：指海底富含硫化物的高温热液活动区，因其高达350摄氏度的热液喷出时形似“黑烟”，喷液口由于物质不断沉淀、不断加高形成了烟囱状的地貌而得名。

像人一样的电脑

彬彬同学周末都会在电脑上浏览各种信息。有一天，彬彬看到一条令人惊奇的新闻：拟人化电脑已在研发中，今后的电脑可以像人类一样拥有触觉、视觉、听觉、味觉和嗅觉。彬彬很想了解一下这个了不起的拟人化电脑。于是他向在计算机研究所工作的哥哥请教。

哥哥一听彬彬的问题，直拍彬彬的小脑瓜，说他有爱动脑筋的好习惯，并把拟人化电脑的设计原理和功能告诉了彬彬，说当今科学家们的设想是让电脑具备以下本领：

第一种是触觉。当你在电脑显示屏幕虚拟键盘上打字时，有着在真实键盘上触及按键一样的感觉，当你登录一个网上商店挑选一件毛衣时，你可以在屏幕上触摸到毛线质地、纹理和柔软度等，就像在实体店里买衣服一样……这就是拟人化电脑所具有的触觉，它可以通过触摸屏等非语言的方式与购买者沟通，让购买者体验到触摸实体的感觉。

第二种是视觉。在未来的医院里，当你看见为你读片的是一台电脑而不是医生时，千万不要感到意外，这是因为人类赋予了电脑一种超群绝伦的识别能力。它不仅可以完全抛开诸如条形码、二维码等常用识别标签来识别各种图片，还能读懂它们的内容和含义。而且它的一双“火眼金睛”，可以分析它所“见到”的事和物，分析X光片、核磁共振、超声波或电脑断层扫描等检查结果。

第三种是听觉。拟人化电脑将拥有非凡的听觉，它不仅能听懂人类说话的内容，而且对声压、振动以及波动，具有比人更敏锐的洞察力。比如，当它听到列车鸣笛声或者察觉到钢轨振动声时，便能判断出列车正从哪里驶来，并会做出远离轨道的选择。又如，它可以辨别出山体、隧道等所产生的异常动静，并精确地做出山体滑坡、隧道坍塌等预警判断。

第四种是味觉。拟人化电脑的味觉更是妙不可言，它所配备的虚拟味蕾功能居然可以计算出食物的各种味道。假如你在拟人化电脑前面放置两堆白色粉末，一堆是盐，一堆是糖，它不需要进行复

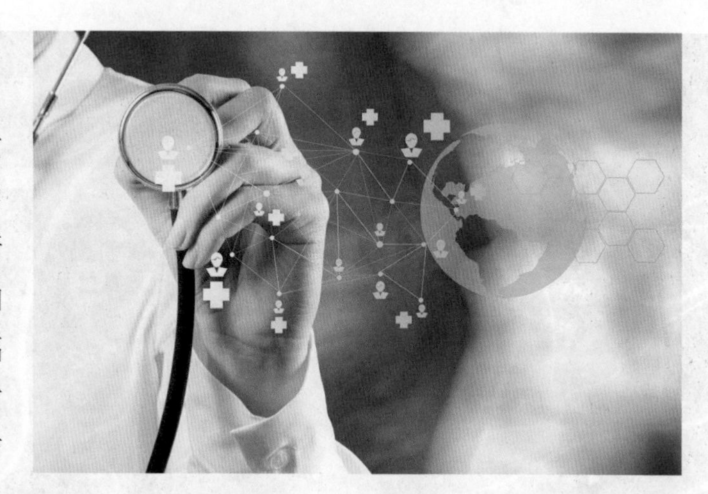

杂的化学分析，而是通过“尝”味道，便能将它们准确地区分出来。这对酒店厨师、家庭主妇而言不啻是福音。一旦拥有它，便可轻而易举地改进食谱或者发明新菜系。

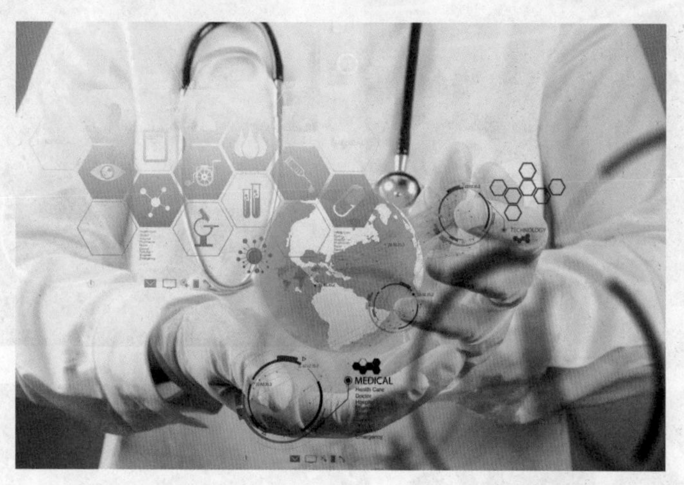

第五种是嗅觉。将来的某一天，你到医院看病或者进行体检，也许为你诊断或检查的不是医生，而是一台拟人化电脑，只要你对着拟人化电脑呼出一口气，它便能对你的健康状况作出判断，依据你的气息及时作出诊断。在打印出来的长长的一条诊断书上，你可以得知是否得了肝脏或肾脏疾病，或者糖尿病，或者肺结核，以及各项体征指标……这种非凡的嗅觉本领令人刮目相看。专家声称，尽管它的工作原理类似于检测酒驾的酒精呼气测试仪，但它所配置的感应器功能与酒精呼气测试仪相比，检测的范围要更大、更详细，更能反映一个人的身体状况。

彬彬接着问哥哥：“那么，这种拟人化的聪明电脑还有什么过人的本领呢？”

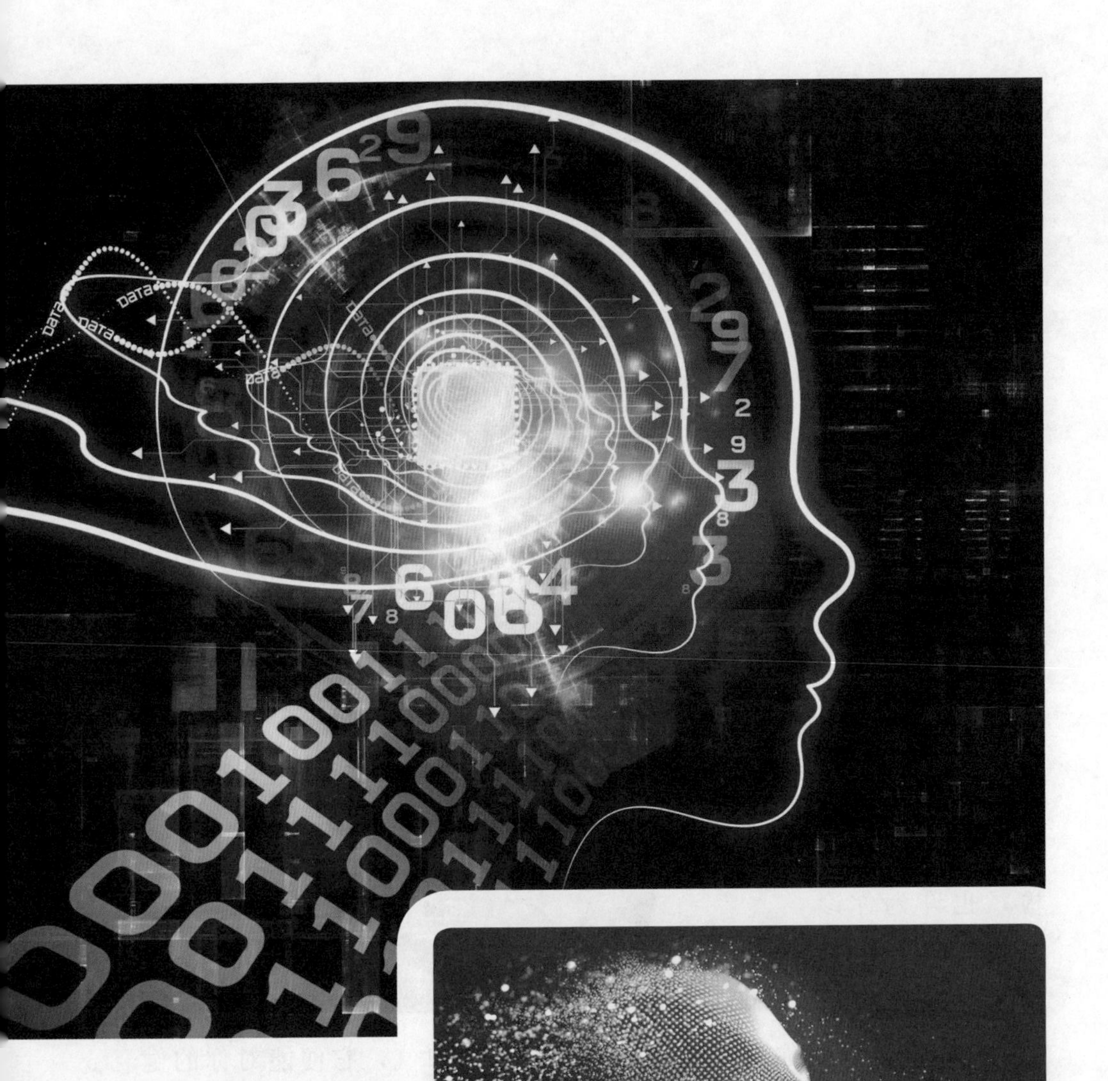

哥哥告诉彬彬：“如今，科技工作者正在想方设法让电脑变得越来越神奇。他们借助人工智能、虚拟立体环境、智能传感器等先进成熟的科学技术，让这种拟人化电脑拥有一个虚拟的三维环境，这种由透明的发光二极管和智能摄像头等

部件组成的虚拟三维环境，赋予它具备识别手指姿势、面部表情和多点触控等本领。人们使用电脑时，可以将手‘伸进’屏幕操作电脑桌面，这时一个摄像头会追踪你的手势，而另一个摄像头则会跟踪你的眼球。通过透明的电脑屏幕，人们能够看到自己的动作，去‘抓取’文件、图像等想要的实物。比如，人把手‘伸进’电脑里做一个阅读的手势，将通过透明屏幕看到自己举着的体检报告，而不是像传统电脑那样，只是在平面屏幕上看体检报告单，这让你从二维屏幕进入奇妙的三维世界。不难看出，在这种拟人化电脑上，凭借人们的双手和眼睛，就可以触摸到看似虚拟的数字世界把电脑‘桌面’变为‘真实’的桌面。专家告诉人们，这种借助于检查人体分子生物标记的拟人化电脑功能，将会成为未来疾病诊断的新方式。”

彬彬听了哥哥的一番介绍后，觉得人的创造力不可估量，不久的将来肯定还会有各种各样令人称奇的发明出现在人们的面前。

独占鳌头的输电技术

放暑假了。如果你跟着爸爸妈妈出去旅游，也许会在平原、丘陵、高山上看见各种各样、大大小小的输电塔，耸立在茫茫大地上，为四面八方的城市、乡村输送电。通常电都是通过电网输送到千家万户的。电网里的电是电厂里的发电机发出来的，由于发电厂大都建在离用户很远的地方，所以电厂要使用高压架空线或高压电缆线把电送到千家万户。一般市区里使用地下电缆，郊外使用架空线。

电网输电是一门复杂的技术。远距离传输电能，输电电压越高，损耗就越低，经济效能相应越高。所以说提高输电能力，实现大功率中、远距离输电，实现远距离电力系统互联，最终建成联合电力系统，是输电技术的核心。它也被专家们称为超高压输电。

我们国家地域广阔，经济发达地区多集中在沿海及中东部，而且人口也较西北、西南地区稠密，必然要消耗更多的电能。目前我

国产生电能的方法主要靠烧煤和水力来发电。一是采取把西部的煤炭通过铁路运到港口，再装船运到江苏、上海、广东等地发电；二是用西部的煤炭、水力资源就地发电，再通过输电线路把电送到中东部地区。实践证明，如果煤矿与发电厂的距离超过1000千米，采取输煤策略投入的成本就非常高，所以我国为解决长距离、大容量传输电能的成本损耗，特高压输电便是一个最佳的解决方案。

我国的特高压输电技术最突出的优点是输送容量大、送电距离长、线路损耗低、占用土地少。可以这样比喻它：超高压输电是省级公路，特高压输电是国道高速公路。特高压电网把全国电网紧密地连接起来，可使建在不同地点的发电厂互相支援和补充，实现水火互济，获取最大联网效益。西部地区煤炭资源、水力资源的集约化开发，降低了发电成本，确保了中东部地区不断增加的电力需求。

2013年，我国自主研发、设计和建设了具有自主知识产权的

1000千伏交流输变电工程(晋东南—南阳—荆门)，这是中国第一条特高压交流输电线路，从此开创了我国远距离、大容量、低损耗的特高压输电技术。2018年，新疆昌吉—安徽宣城（±1100千伏）特高压直流输电工程实现全线通电，线路全长3293千米，成为目前世界上输送距离最远的特高压输电工程。

如今，中国的特高压输电技术在世界上处于领先水平，并作为国际特高压输电技术标准向世界推广。

中国特高压输电技术的优势是：

一、电压等级最高；

二、输送容量最大；

三、输送距离最远；

四、技术水平最先进；

五、直流电输电方式比交流电输电综合性能更高。

今天的中国电网规模已经位居世界第一。输电方式从高压到超高压，从超高压到特高压，实现了中国创造。

高铁开行的秘密

现在的中国，人们坐高铁出行已经非常普遍。那么中国那么大，高铁速度那么快，是谁在指挥它呢？

全国铁道线路纵横交错，组成了一张巨大的铁路网。它就像棋盘上的网格一样，而一列列火车就像棋盘上的一个个棋子；每个棋子的走法都有一定的规则，每趟列车的开行也得

遵守总调度的指挥。下棋时走哪一步是由棋手来决定的，同样道理，列车何时开停、速度多快，都是由调度人员来安排的。

在普通人眼里，看似十分简单的高铁进站、停车和发车的过程，实际上必须依靠各种为行车服务的信号设备。在你看不见的地方，一系列庞大而复杂的设备通过层层运作完成了指令的传递。此外，高铁不能像公路上的汽车那样一辆跟着一辆地开行，也就是平时人们常说的“公交化”，这是因为高铁的速度很快，两列列车之间必须要相隔较大距离，线路上发生意想不到的情况时，才可以制动列车，防止追尾。然而，随着我国卫星导航定位系统“北斗”和云计算的问世，线路上所有列车都在“天眼”的掌控之中，线路运行情况随时可传送到驾驶室操作屏上，因此，高速列车间隔的距离缩短了，这不仅提高了轨道线路的利用率，还能提高高铁的运送能力。

高铁速度如此快，车次又如此频繁，线路的安全性依靠什么来保障呢？依靠每天凌晨每一条高铁线路开行的第一趟列车——不载客的高速综合检测车的检测和修复来保障。这种车时速可达400多千米，车头比一般的列车尖，颜色分为黄色和白色两种，被称为“黄医生”和“白医生”。其中“黄医生”为专门设计制造的高速综合检测车，“白医生”为载客运营的车底加装检测设备改造而成的高速综合检测车。每天0点到4点，高速综合检测车便奔跑在全国各条高铁线路上检测和修复线路，为高铁的安全行驶保驾护航。

另外，高铁究竟能开多快取决于轨道线路的状况。这就像汽车行驶一样，同一辆车在高速公路上和在山区公路上行驶，车速是不一样的。通常高速铁路线路中既有直道也有弯道，有桥梁也有隧道，当列车弯道或过桥梁或穿越隧道行驶时，其线路结构和环境都会有所改变，此时列车会减速或缓行。即使是直道地形，也会因不同地段地质构造不同，要求列车以不同的车速行驶。可见，线路的这些固定因素决定了不可能自始至终保持最高速度行驶。实际上，在高铁出发前，调度管理部门会将全程不同地段的车速数据输入列车的操作平台内，一旦列车超速它就会提醒司机，并自动采取应对措施。其次，线路或临时更换零件或维修，或前方线路设施突发故障，或前方列车晚点等，列车也要减速或停车等待。此外，在一条高速铁路上，一般要开行多趟不同速度等级、不同停站数和终点站的高铁，以提高线路利用率和满足旅客需求。为此就需要全盘统筹

安排所有列车的运行速度，这也是造成高铁不能一路“高歌猛进”的原因。因此，高铁车厢两端上方的显示屏上，间隔滚动的列车即时速度始终在不断变化，而并非始终如一的最高速度。

高铁没有方向盘，高速行驶中经过弯道时，由于车轮与钢轨的接触面是有一定坡度的斜面，且一节节车厢都有转向架，可实现“平安”拐弯。当然从物理学的角度来看，当列车通过弯道时都会产生一种离心力，它会对列车行驶的安全性带来影响，不过线路设计、施工已根据弯道的曲线半径使外侧钢轨适当高于内侧钢轨从而产生一个向心力，用来抵消弯道引起的离心力，让列车安全、高效、平稳地转弯。

中国高铁的发展经历了从无到有、从有到优、从追赶到领跑的过程。中国凭借自力更生的创新精神，创造了高铁奇迹。我国的高

铁设计全是自有的技术，其整体设计、制造、运营管理等均居世界前列，成为国际高速铁路设计制造领域里的一张“金名片”。

刷脸时代

当今计算机技术发展神速，以前很多费时费事的服务已在向智能化方向发展。比如乘火车、坐飞机、超市购物……全靠一张脸，“刷脸”就行，你的脸就是你的身份证。难怪消费者们都连连惊呼：如今，“靠脸吃饭”的时代到来了。

2017年8月，在武汉火车站，人们忽然发现一个令人惊奇的场景，进站检票口没有检票员。一台台刷脸机器代替了人工检票。旅客走进刷脸通道，只要把身份证放到闸门读码器的感应区，并抬头看一下正前方的一个摄像头，闸门的阻拦杆就会瞬间打开，整个过程仅需2～5秒。这是中国第一个刷脸进站的火车站，给广大旅客带来了极大便利。对于打算乘火车潜逃的犯罪分子，一旦刷脸系统分辨出是公安部门通缉的潜逃罪犯，就会立马锁定并自动报警。

随着刷脸技术的不断升级，刷脸进站设备系统的安全性、可靠

性有了很大的改进和提高。2019年，中国最大的机场——北京大兴国际机场的刷脸功能也开始启用。旅客与纸质登机牌彻底告别，踏进刷脸时代。技术专家告诉人们，刷脸登机系统所采用的技术比刷脸进火车站的技术更加复杂、更加先进。它不仅对人脸五官特征进行识别，而且还增加了人眼虹膜识别、眼球识别等生物信息的甄别。即使进行过大幅度脸部整容的乘客，它也能够准确无误地识别其真实身份。因此，旅客在机场安检、登机时，核对身份证、护照、登机牌等原本费时复杂的流程已变得十分简单，刷脸就行。旅客的脸既可以充当身份证、护照，也可以充当登机牌。

今后，刷脸替代手机购物支付不再是一个梦想，你的脸将取代手机，人们将从刷手机正式迈入刷脸时代。

人们到超市里去购物，也可以刷脸付款。2017年，全国第一家刷脸支付的实体试验店在南京正式开张。顾客只需在收银处刷一下脸，就可以把商品买回家，而且连手机都不用。整个购物过程分三步：第一步，顾客在首次进店时，完成人脸和手机的技术链接、绑定，下次再进店购物，就不需要掏手机。第二步，顾客进店之后，一部机器人会充当你的导购员。你拿起一款商品时，机器人屏幕上就会自动显示这款商品的详细信息。你可以随便选、随便看、随便拿。第三步，顾客选好商品后，只要在出口处稍微抬头看一眼摄像头，钱款便会从绑定的相关金融账户中扣除，不需要停下脚步，直接走人。

计算机技术研究工作者预测，在未来，刷脸的普及只是一个时间问题。届时，人们不用再为忘记携带手机、银行卡或钱包而烦恼。这大大提高了人们的生活便利度。

难怪人们惊呼这个时代变化太快了，你也许永远猜不到下一个被颠覆的是什么。

智能化的手机有多棒

手机现在已经成为人们生活中的必需品，它强大的智能化功能为人们的衣食住行提供了极大的方便。专家们预测未来的智能手机将会完全突破现有的智能技术，神经控制等智能技术将成为智能手机的主旋律。人们可以与手机进行语言交流，而且手机能听明白你在说什么。实际上，如果在手机里安装了一个语音识别系统，这个系统便能够将人们的语音转变成电子信号，从中提取其特征，通过模式匹配后，形成一个手机能读懂的文本。届时，智能化手机不仅能像“傻瓜机”一样容易操作，其包罗万象的实用功能更会让你心情愉悦。而且它具有自我学习的超凡“功夫”，完全可成为你的高智商“贴身秘书”。

例如，给你的亲朋好友“传个话”“发封信”，或者告知你驾车需要多长时间到达餐馆、赛场和电影院等诸多琐事，它都可以帮

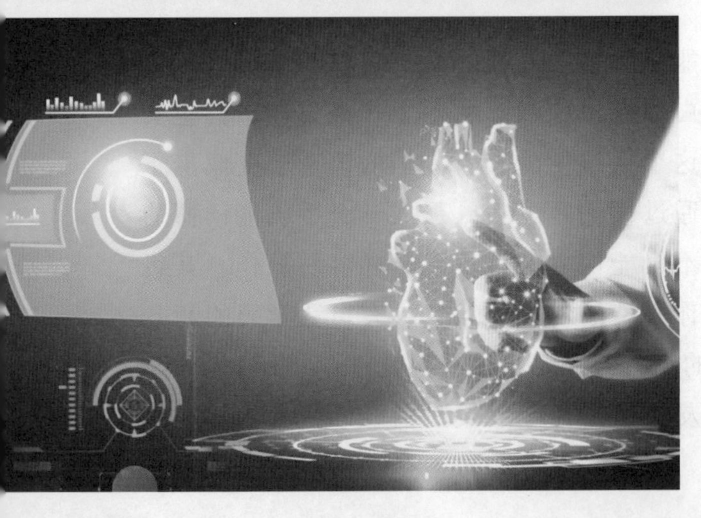

你轻松搞定。又如，你和外国人打交道时，它也能充当一名合格的“翻译”。再如，当你到达宾馆时，手机会自动连接宾馆里的自动感应器，让房间、卫生间的温度、湿度、灯光和你家里一模一样。此外，它还会向你报告上一次打扫卫生的时间，为你准备合你口味的食物。更令人感到惊喜的是，清晨醒来，通过它，你还会收到头天的消费账单、当天的天气预报及周边商铺的有关信息，等等。如果你的眼力不好，它会直接把信息投影在你的眼前，让你一目了然。

这种拟人化手机还拥有强大的“自主意识”，它可以消除你的许多烦心事。它每天都会帮你预订你所要的信息和新闻，同时还会充当“审核员”为你

把关，自动去除那些你不感兴趣的信息，这对当今频频遭受垃圾信息“狂轰滥炸”的人们而言，不啻是一个天大的福音。还有它那超越人类大脑记忆的能耐，可以帮你存储和记录大量的个人信息。例如，你要参加会议，手机会显示会议的日程安排；当你走进会议室时，手机就会自动显示和记录会议主题以及参会者的姓名，等等。又如，手机还会知道你要记录或储存什么内容，它都会自动生成音频、视频或文字，一切都显得如此轻松自如。拟人化手机还能在茫茫人海中帮你找到符合标准或喜欢的朋友，他们或是与你志趣相投的人，或是你值得信赖的人，或是为你出谋划策的人……

不妨设想一下，长大以后拥有高智能拟人化手机的你，辛苦工作八小时下班后，走在大街上，手机收到了来自某品牌冷饮店的促

销信息，告诉你现在只需6元人民币就可以买到超大杯冰咖啡。于是你就点击屏幕上“接受”的图标，并对着手机说了一下自己的名字，顿时手机上就显示一条交易成功的提示……当你走进附近一家该品牌的连锁咖啡店时，店里的服务员对比电脑上的照片确认是你本人后，即刻就递上一大杯刚刚做好的冰咖啡，你品尝着杯中的咖啡，一天的疲劳顿时得到了缓解，何等惬意啊！

我们期待着神奇的高智商拟人化手机快快上市，与我们见面。

神奇的体感技术

周末，苏苏同学参观了一个科学技术领域的展览会。一个叫“体感技术”①的展台让苏苏眼前一亮。通过展台工作人员的介绍，他知道了许多有关体感技术的知识。

简单地说，体感技术就是人们无须使用键盘和鼠标，甚至连触摸屏都用不着，只要隔空挥动自己的手指，就能像变魔术一样操纵计算机屏幕，没有延迟，也不会出错。这种神奇的体感技术的操作方式彻底摆脱了键盘和鼠标。

要了解体感技术相关原理，首先要明白什么是“数字标牌”。

近些年来，被称之为“数字标牌”的多媒体专业视听系统呈现井喷式发展趋势。

以前人们常见的大型商场、超市、酒店大堂、饭店、影院及人流汇聚的公共场所，通过大屏幕终端显示设备，播发商业、财经和娱乐等信息的多媒体传播，被称为“第五媒体”[2]。然而，随着互联网技术和移动媒体的高速发展，这种以楼宇电视为代表的第一代“数字标牌”，已经由原来的新潮变成了落后，其单向的、硬性的传播方式，逐渐失去了对消费者的吸引力。

于是科研工作者开发出了以触摸技术为代表的第二代“数字标牌”。它能够实现人机交互，比第一代“数字标牌”更能吸引消费者的主动参与。然而，第二代“数字标牌”需要近距离面对着大屏幕进行操作，因此就有了空间的限制。如今，第三代“数字标牌”的体感技术已经跑步进场、一展身手。在一定的前提条件下，它可以让人们无须借助任何控制设备，直接通过人们的肢体动作与数字

设备和环境互动，随心所欲地操控多媒体视听系统。

第三代“数字标牌”的体感技术就像一双精准而有效的眼睛，它可以帮助多媒体视听设备观察外部世界，并且可以根据人们的肢体动作来完成各种指令的操作。研发人员预测这种新颖的体感技术操控方式，将会成为未来“数字标牌”的主流技术，在大型商场、超市、酒店大堂、饭店、影院及其他人流汇聚的公共场所大显身手。人们的肢体就是遥控操纵器。当你走进大型百货商场，只要走到体感广告机前面，按照商品排列次序对准大屏幕挥挥手，你想要找的商品品种、价格、质量、适用性、安全性、位置分布等导购信息，便会一一呈现在你眼前。当你站在具有体感技术的试衣镜前面时，只要对准屏幕上显示的服饰挥一下手，就立马可在镜子里看到自己试穿的效果。这种不费事的试穿新衣的过程，完全是一种全新的购物享受。

①体感技术：人们可以直接使用肢体动作，与周边的装置或环境互动，而无须使用任何复杂的控制设备，是一种可让人身临其境与内容互动的互联网技术。

②第五媒体：数字杂志、数字报纸、数字广播、手机短信、桌面视窗，统称为“第五媒体”。它具有交互性、融合性、丰富性、充足性、宽带化的特点。

智能化传感器本领大

传感器是一种检测装置。它不仅能感受到被检测的信息，而且还能将感受到的信息按一定的形式传送出去。形象地说，传感器就是人类感觉器官的延伸，将诸如温度、压力、声音、气味、颜色等信息转换成电子信号，以便对信息进行各种处理，达到自动检测和自动控制设备的目的。传感器具有微型化、数字化、智能化、多功能化和网络化等特点，涉及物理、化学和生物等学科，可以对应人类视觉、听觉、嗅觉、味觉和触觉等功能。目前，常见的传感器有光敏传感器、声敏传感器、气敏传感器、化学传感器、压敏传感器等。各种各样需要自动控制或监测的设备里，可少不了它们。

那么它能代替人们完成哪些功能呢？比如，你总是掉手机，那么，当你离开手机超过9米时，你的蓝牙传感器就会发出“哔哔”的提示音，仿佛在说：“你忘了拿手机啦！”。又如，当你出门或离开办公室忘了拿钥匙时，手机同样也会发出“哔哔”的提示音。

在未来，只要将这种一体化传感器安装在家用电器和生活用品上，人们就可以使用智能手机进行遥控操作。例如，你在客厅看电视时，可以用手机打开浴室里的电热水器，或者打开厨房里的电热水壶烧水。更让人倍感惊喜的是，它甚至可以为主人提供家庭安保服务，若有不速之客入侵住宅便会触发动作传感器，它会向主人的手机发警告短信，并能自动向警方报警。即便你正在商场购物或者在办公室上班，也无须担忧家中被盗。

还有，当智能手机和透视仪这两个不同归属的科技产品技术结合后，会出现在科幻电影中看到的能“透视”的魔力手机。届时医生可以不使用对人体有伤害性的X光机，也可以不使用体积庞大、价格昂贵的CT机或者核磁共振扫描仪，而是用一部小巧玲珑的智能手机图像仪便可进行人体各部位检查。当然，这个小家伙也能应用在建筑工程领域里，用它“看穿”混凝土、木头、塑料、陶瓷、纺织

品等物体构造或使用时的功效。

那么，这种智能手机图像仪是使用什么原理来实现这种透视功能的呢？

这神奇的功能在于它使用了一种介于微波和红外线之间的电磁波，其波长为0.03～3毫米，频率为0.1～10太赫兹。因此，它不仅对物质具有透视性，而且它的电磁辐射能量低，不会伤害人体的各种器官，也不会破坏被检测的各种物质。专家们指出，尽管这种智能手机图像仪目前还处于研发阶段，但对它的“变身”透视仪功能充满了信心。

将来，当你走进自己刚装修好的住宅时，掏出具有透视功能的智能手机，可以看清线缆、自来水管、燃气管道的铺设是否正确、合规。在火车站、地铁站、机场或码头等公共场所，安保人员利用这种手机可以轻而易举地发现隐藏在衣物、鞋子、行李内的刀具、枪械等违禁物品。使用智能手机的透视功能，可以查验纸币、文件

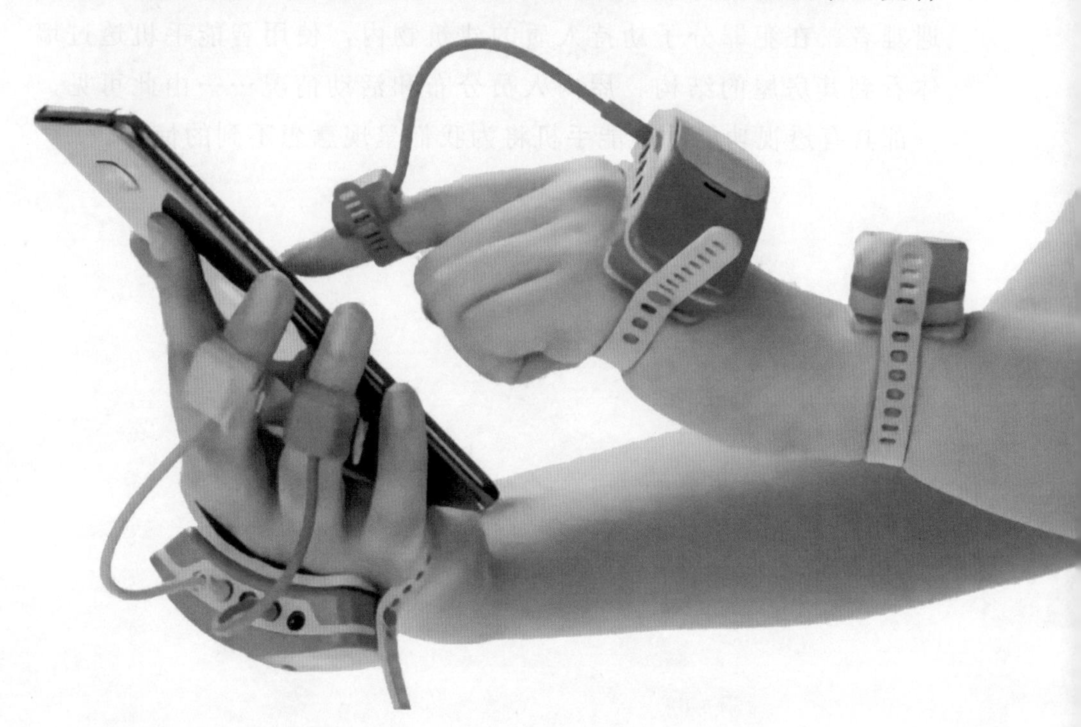

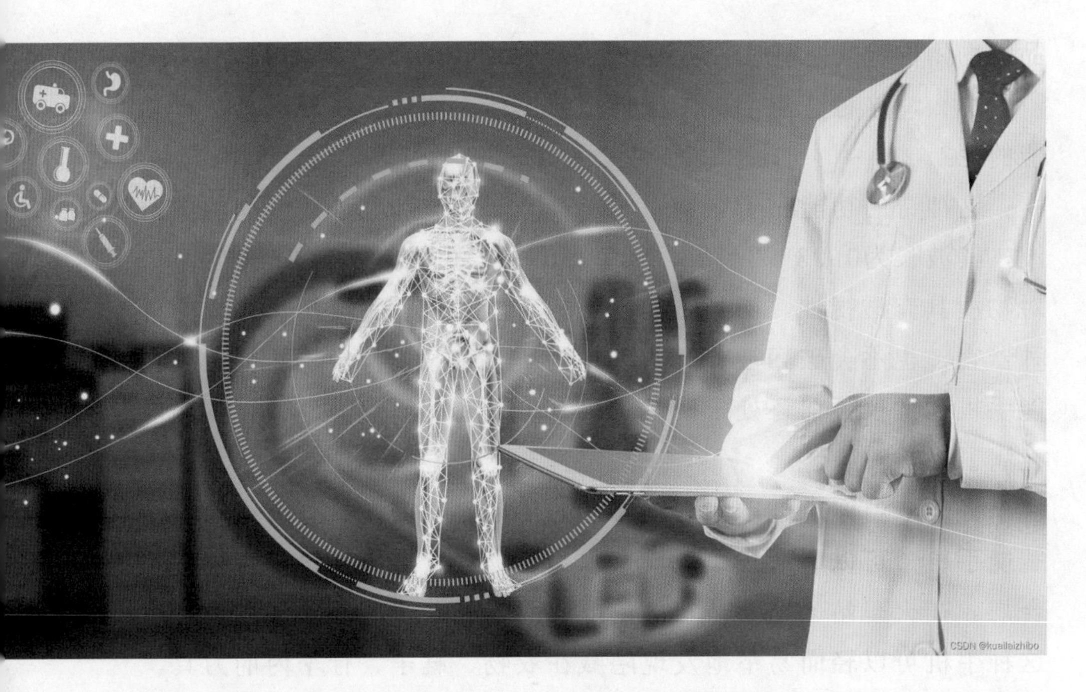

或证件的真伪，甚至还能在发生各种灾害的废墟下寻找幸存者或遇难者。在犯罪分子劫持人质的建筑物内，使用智能手机透过墙体看到其房屋的结构、屋内人员分布和活动情况……由此可见，一部具有透视功能的智能手机将为我们呈现意想不到的惊喜。

复活《清明上河图》

你也许听说过中国古代传世名画《清明上河图》，它是北宋时期的民间市井风俗画，是国宝级的文物。在5米多长的画卷上，画出了当时北宋都城汴京及汴河两岸的风景和热闹的街市。如今先进的数字技术已经将此画平面静止的画面变成了“人会走、水会流、鸟会鸣”的动态画面。它曾在2010年上海世博会上亮相，观者无不惊叹。

动态的《清明上河图》，长128米、高6.5米，展现了千年前北宋都城汴京初春时节的市井图案。赶集的人们和驮运货物的骡马从条条道路向城里进发，繁忙的汴河码头上，数条大船正忙着装卸货物。市集上有骑马的官吏、挑担的农夫、打铁的工匠、驾车的车夫……人来车往，非常热闹。夜间，家家户户挂起亮晃晃的灯笼，夜市上有忙碌的小商小贩，小酒馆里传出饮酒猜拳声。停靠在岸边的渔船透出点点烛光，街边窗户里映出一家人晃动的身影……

那么，如此精彩的杰作是怎样制作出来的呢？

根据相关信息报道，参与此画创作的专业人员先利用3D动画技术把长528.7厘米、宽24.8厘米原作中的上千个人物和众多马、骆驼等动物一一复制出来，再利用配有声光电的数字投影技术将原画场景放大了约30倍，从而让《清明上河图》变成了一幅长128米、高6.5米、每4分钟日夜景色轮回一次的巨型动态画卷。创作人员把整幅作品设计成褶皱状，采用“大尺寸屏幕人机互动”技术，用多台投影仪在巨幅银幕上同时投影出画面，该技术使投射出的影像天衣无缝地互相衔接。

比如，在《清明上河图》中有一条潺潺流动的河，它波光粼粼，其水面甚至出现因鹅卵石阻挡而浪花跳跃、水流改向的情景。这种逼真的景象是靠虚实兼有的多媒体技术打造出来的。利用投影仪将河水影像投射在一层纱网上，而在纱网底部堆有许多黄沙与鹅卵石。这时投出的影像一部分会保留在纱网上，而另一部分则会穿透纱网融入沙石之中，于是一条虚实结合、以假乱真的河，便在参观者的眼前潺潺流动。

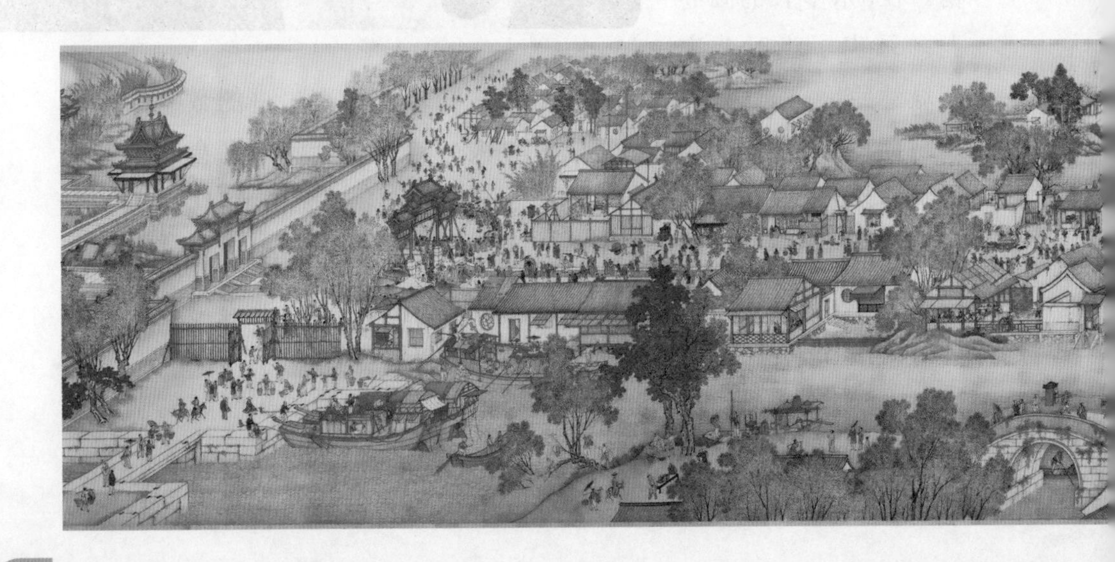

为了在数字版《清明上河图》中体现原作的所有历史特征和人文风貌，保留住原画中每条街道、每艘船只、数百棵树、数百座建筑，创作人员花了整整2年的时间仔细研读北宋时期的人情风貌、衣着装束等历史资料，还闯了雕琢描绘、编写程序、音效制作和现场调试等一道道难关。单单是夜景中的灯笼就做了十几种，有方的、长的、圆的，有手提的、悬挂的，有房内的、街道上的……组成了一幅汴京街市夜景画面。画卷中白天和晚间出现的人物分别多达691个和377个，他们形态各异。不管是引车卖浆人的吆喝声，还是河里船工的号子声……都十分逼真地表现出来，各种声音交织在一起，

让人犹如身临其境一般。画卷中的各种活动场景被勾勒得活灵活现，这边是一行轿夫抬着乘坐者逛集市，那边是从西域回来的商人牵着一队骆驼进城而来，……数百个人物、车船和动物从画卷的一边移动到另一边的行径路线自然流畅、分毫不差。长卷中，每个活动场景都在向人们讲述市井小民的故事，让你心动，让你神往。要说数字动态版《清明上河图》与原作之间的最大不同之处，就在于能让参观者轻而易举地在热闹生动的场景中，真实体验一回北宋都城清明佳节的盛况。

动态版《清明上河图》的创作人员凭借大量文献资料和数字技术，大胆运用精湛的艺术创意手法让画卷的每处场景变得活灵活现。在铁匠铺中，铁匠奋力挥动铁锤，不时地停下来用手擦去额头上沁出的点点汗珠；驼铃声由远而近，一支骆驼商队缓缓走过，路旁的行人纷纷侧目，脸部表情丰富且生动；一阵微风吹来，骆驼身上的驼毛随之微微飘动；拱桥下行驶的大船上，船工们个个神情严肃，有的用长竿钩住桥身借力，有的用麻绳挽住船帮，还有的忙着

放下桅杆，让大船晃晃悠悠地通过了拱桥……这些生动鲜活的场景，在原作静止的画面上是难以呈现的。

数字技术复活了《清明上河图》，让我们可以穿越千年，饱览北宋时期民间百态和烟火气十足的汴京城。

“大智号”破浪，“珠海云号”扬帆

2017年，我国造船业又传来喜讯，就是建造出了全球第一艘智能船，这艘船被命为“大智号”。这是全球首艘通过英国劳氏船级社①和中国船级社认证的智能船舶，标志着我国智能船舶的建造技术达到了世界领先水平。

从外观上看，这艘大智号智能船外形与其他常见的现代普通大型货运船并没有多大的差别，它的船体总长179米，船宽32米，吃水深度15米，载重量3.88万吨。然而，它的与众不同之处在于拥有其他现代普通大型货运船舶所没有的智慧大脑。所谓的智慧大脑，就是一套其他现代普通大型货运船所没有的智能化、自动化航行系统。这套系统可以减少船舶航行操作人员的配备数量，降低航行和

维护人员的劳动强度，也可以提高船舶航行的效率，降低船舶航行的成本，甚至可以减少或避免船舶航行中因恶劣天气而导致的撞船、触礁等重大风险。

在大智号智能船的驾驶室里，有一套与众不同的智能集成平台。这套看似外貌平平的智能系统却有着过人的本领，它通过全船铺设的光纤网络构成全方位无死角的监测与控制点，能够对船舶各种设施的工作状态了如指掌。它可以分分秒秒对船舶进行全面“体检”，评估船舶设备的健康状况，提前发现潜在的安全隐患等问题，并自动告知人们船舶哪里发生了故障。它能时时刻刻收集海洋洋流等方面的信息和数据，分分秒秒监视洋流的一举一动，自动通告驾驶人员选择安全、省时、省油、舒适和低成本的航线。

最夺人眼球的是，大智号货轮的智能导航功能可以让驾驶人员从复杂的脑力劳动中解放出来。这是因为在茫茫大海上，气候突变是常事。对大部分远洋货轮而言，在航行过程中，常规的航行路线是提前制订好的。一旦天气、风向、海况等发生突变，驾驶人员要及时调整航行路线，保证航行安全。大智号货轮的智能导航系统，

则会时时收集水文、气象等各种各样的信息，然后依据这些信息自动计算出当前最适合的航行路线，把原来需要人工完成的计算航行路线的工作，变成了由大智号智能导航系统完成。从人工操作转变成无人化操作，可以说，智能船舶已成为船舶制造与航运业发展的必然趋势。

大智号智能船在海上劈波斩浪。5年后，也就是2022年，全球首艘智能型无人系统母船“珠海云号”在广州黄埔港闪亮下水。

所谓母船，即它可装载较小的船舶或驳船，可为远洋航行提供多功能的各种船只、大型仪器等，也可在近海将“子船”送达目的地卸载。那么这艘智能型无人系统母船又有什么新的硬核科技呢？“智能”“无人”这两个词语，就表明了珠海云号的科技含量有多高。

智能型无人系统母船，是一种概念超前、领先世界的科考船。我国研制的“珠海云号”长88.4米，宽14米，吃水深度6.1

米，设计吃水②3.7米，它的最大航速为18节。它的动力系统、推进系统、驾驶系统等各大核心技术，都是我国自主设计的，拥有自主知识产权。

珠海云号的甲板上能够同时搭载数十台不同的观测仪器，可以涵盖海空两大领域。有关人员借助珠海云号母船，可以对海洋里特定的目标进行立体动态的实时观测。比如，深海里有个需要观测的潜行的庞然大物，那么珠海云号就会牢牢地盯着它，一路跟随。有关人员便可实时获取庞然大物的信息。除此之外，珠海云号还具备很多本领，比如它可实时获取海洋观测数据，了解更多的海洋秘密。可以说珠海云号就是一个技术高超的学霸级智能水手。

① 船级社：是从事船舶检验的认证机构。世界上最早的船级社是1760年成立的英国劳氏船级社。现在许多航运大国都成立了船级社。

② 设计吃水：是指船浸在水里的深度。大型货船的吃水深度会受到航道、港口的限制。

人工智能助力北京冬奥会

2022年2月，第24届北京冬奥会上熊猫造型的吉祥物“冰墩墩”成了大网红，它的粉丝遍及全世界。这届冬奥会，冬奥村里的黑科技也令人眩目。

北京冬奥会上，智能化、无人化服务场景随处可见。能够准确识别运动员动作的人工智能裁判，支持多种语言服务的智能机器人，L4级别的自动驾驶车，AI手语主播……这些高大上的人工智能妥妥地把北京冬奥会变成科技、绿色、环保的盛会。

北京冬奥会所有比赛场馆和连接道路都实现了5G信号的全覆盖，不仅加快了信息传播的速度，还让赛事有了更新颖的呈现形式。“子弹时间”就是其中的一项成果。在本届冬奥会的转播中，观众可以利用自己喜爱的角度随意观看运动员比赛中瞬间的状态。屏幕也可以停在任何角度，观看运动员的动作。

北京冬奥会在奥运史上首次实现了100%的绿色供电。新型二氧化碳制冷剂的应用让北京冬奥会实现了完全的碳中和。

北京冬奥会使用的人工智能计分系统，不仅可以帮助运动员进行赛前训练，还可以在比赛中协助裁判人员完成运动员的计分工作。据悉，这种人工智能计分系统在全球竞技体育领域还是首次应用，它可以将人眼难以看清的转瞬即逝的动作转化为量化数据指标。也就是说，这个AI裁判和计算机视觉系统，无论是动作纠正还是参照模拟演示的动作打分，都能达到极高的准确性。根据类似应用场景的经验，在录制完运动员的动作视频后，该系统会逐帧进行检测、描述、搜索和更新，从而得出运动员的运动轨迹和动作信息，并据此进行客观精准的评分，可谓“人工智能裁判”。

北京冬奥会的AI手语主播，她的形象如同真人，可以用AI智能技术为听障用户提供手语服务，让他们及时了解比赛信息。这款AI手语主播机器人采用了语音识别、机器翻译等人工智能技术，内部安装了复杂精准的手语翻译软件，可以将文字、音频、视频等内容翻译成手

语，还可以将翻译结果通过专为手语优化开发的软件输出。

北京冬奥会使用的可穿戴传感器技术和人工智能辅助训练技术设备，依托人工智能辅助系统，为跳台滑雪教练配备了“第三只眼”，其中包括滑行和跳跃动作的3D动作捕捉和技术分析，基于人工智能图像识别技术实时反馈的跳台3D动作信息，以及对运动员全速、加速度和滑雪板空间位置的精确跟踪测量和动作控制优化。这将帮助教练员和运动员掌握和分析每时每刻的技术动作细节，为选手在赛场上的良好表现提供技术支持。

除了场馆中的硬件设施智能化、无人化，在运动员的衣食住行玩中，黑科技也精彩纷呈。

来自美国的雪橇选手萨默·布里彻进入奥运村宿舍后，享受了一个智能床8个智能模式的美妙体验。这个智能床可以升高或降低到多个位置，也可根据自己的习惯调整为坐或卧等所需的样式。它拥有记忆功能，再次使用只需发出指令就可，无需反复操作。最让萨默惊呼的是智能床零重力模式，“太不可思议了，好像在太空飞行一般。”再如，奥运村里的机器人餐厅成为全球媒体记者打卡的地点。这个餐厅采用全自动化人工智能机器设备，炒菜、做饭、送餐、导引、消杀等全由机器人完成。“从天而降”的美食，让人惊叹的场景随处可见。

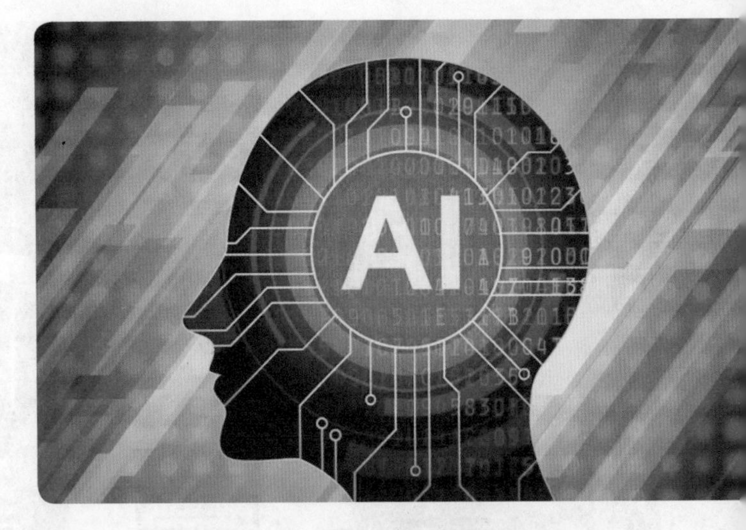

北京冬奥村下沉广场是运动员享受一站式生活服务和文化体验的重要场所。坐落在其中的北京小屋的数字时空舱引导众人领略古代奥林匹克、北京文化遗址的风采，裸眼3D则利用数字投影对各赛区竞赛场馆进行立体展示等，这里可是各国运动员集中打卡点。

北京冬奥会京张高铁智能动车组的亮相，为冬奥会又增添了别

样的风采。一列命名为“瑞雪迎春”的新型动车组，处处体现人工智能化的黑科技。5G移动超高清演播室、娱乐中心、无线投屏、中英文运行信息播报以及智能照明、温控、节水等高科技，确保了列车安全、高速、准时、自动化运行。

北京冬奥村的智能运维管理平台，可显示无障碍卫生间、无障碍坡道、盲道等设施信息，对起点至各目的地之间无障碍路线进行了最优计算，并用中英文双语推送给有无障碍需求人士进行导航。与此同时，为应对突发状况并提升紧急服务的效率，在冬奥村内为一线服务人员配备了具有一键呼叫、通话及平台精准定位功能的智能呼叫胸牌，建立了一个智能化联络沟通系统，以实现冬奥村网格化管理和全方位无死角服务覆盖，大幅度提高冬奥村综合服务水平和效率。难怪乎，世界各国参赛运动员和裁判员对冬奥村的高科技服务连连称赞。

在冬奥会期间，人机互动的人工智能也给观众们留下了深刻印象。这个人工智能技术包含了最新第三代可扩展处理器上的三维运动员追踪技术，它是一套复杂的综合性系统，由信息采集、数据分析、艺术效果渲染三大子系统构成。其核心算法是基于计算机视觉、人工智能实时人体检测和位置跟踪技术。正因为有了强大的算力和先进的AI算法支撑，才使得在开幕式现场地面上铺设的巨大LED屏幕变得“可交互”，而且还可以成为运动员提升运动表现的“利器”。

那么，这种“可交互”的功能又是如何实现的呢？

通常，运动员在以往的实际训练中，教练员常通过经验对运动员进行指导。而三维运动员追踪技术则是基于运动视频，通过人工智能和计算机视觉算法从标准视频源中提取运动员的骨骼和肌肉形状及运动轨迹，重建运动员2D及3D骨骼的运动姿态及轨迹模型，并生成生物力学数据。在建立模型的同时会输出运动表现分析，帮助运动员了解自身运动细节，分析动作不达标的原因，从而帮助运动员更好地释放运动潜力。

人工智能加持北京冬奥会，让参赛运动员得以完美竞技，让观赛的观众赏心悦目，共享北京冬奥会的快乐时光。

自供电
软体机器人

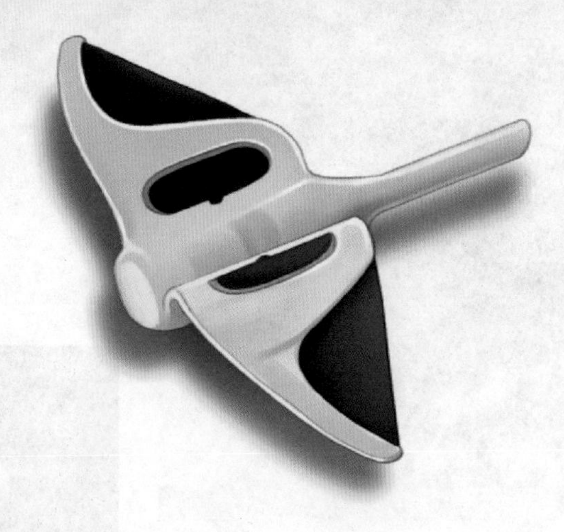

暑假的一天，一条关于“自供电软体机器人”①问世的消息吸引了兔兔同学的眼球。这种人工智能化的自供电软体机器人已经成功挑战了世界上最深的海沟——马里亚纳海沟，实现了10900米海底深潜和驱动，在南海最深3224米处实现了深海航行。

于是，兔兔同学迫不及待地四处寻找有关自供电软体机器人的点滴踪迹，终于有了不小的收获。

我国的科研团队曾受生活在马里亚纳海沟的棘鱼头骨的化石启示，研制出了一台能够承受极端压力的机器人。该机器人具有鱼的外形，由一个软材料弹性框架组成，上面安装了两个薄薄的侧翼鳍片。鳍片的前缘由较硬的材料制成。框架上的“肌肉”由能将电能转换为机械能的材料制成。当来自机器人电池的电流施加到“肌肉”上时，似鱼的机器人皮肤会收缩，做出在海里自由游弋的行为。该项研究成果推动了软体机器人在深海工程领域的应用。

当今，人类的探索范围已经扩展到了诸如南极、北极等陆地上

最不适宜人类居住的环境，但对海洋最深区域的了解知之甚少。在深度3000米以下的海洋区域，水压巨大，使得设计和制造勘探船或探测器上能经受住压力的坚固电子元件的设计、制造变得异常困难。即使各类组件能紧密地挤在一块坚硬的电路板上，但深海的巨大水压力也将导致它们的功能失效。

我国科研人员研制的自供电软体机器人的操作系统封装在一个柔软的硅胶身体内，通过增加组件之间的距离或将它们分成几个更小的电路板来分散这个巨大的压力。以硅胶为体的自供电软体机器人，面临极端巨压仍具弹性，并能够在深海作业中展现强大的应用

潜力。

自供电软体机器人能以超过5厘米/秒的速度自由游动，并获取深海里的多种地质特征和丰富矿产资源的信息，帮助人类去探索广阔无垠、充满未知的蓝色海洋。

①自供电软体机器人：由电路控制、车轮、舵机各部件组成。主要涉及机械学、电子学、控制学等学科。控制学是自供电软体机器人的核心技术，它是智能控制、计算机控制、分布式控制的综合应用。

发电玻璃异军突起

阮阮的爸爸是从事玻璃制造的研究人员，在工作之余常常到企业单位或居民社区宣传节能知识，颇受大家欢迎。阮阮跟随着爸爸听他讲人类利用太阳能的故事，学到了不少知识。

随着全球人口数量的不断增加，资源短缺问题已成为困扰诸多国家发展的头等大事。面对煤炭、石油、天然气等能源储量日益减少的局面，寻找和开发可再生能源便成了人们孜孜以求的研究方向。人们发现在风能、海洋能、地热能等诸多可再生能源之中，太阳能是目前利用率和稳定性最高的一种能源。然而，要把太阳能转化为可以使用的能源，如今大多数是借助太阳能电池板来实现的，但这种太阳能电池板不仅成本高，而且使用也很不方便。而今发明的会发电玻璃的应用前景很令人欣喜。

发电玻璃是具有神奇“魔力”的玻璃，是一种覆盖有一层能够采集太阳能的特殊聚能涂料，还是一种可以将太阳能转换为电能的特殊导电玻璃。

20世纪80年代，我国科学家首次提出了“发电玻璃”这一概念。如今它已变成现实，我国这种具有自主知识产权的发电玻璃——碲化镉[①]薄膜发电玻璃生产线已经正式投入使用。这是世界上第一条能够生产大面积发电玻璃的人工智能化生产线，它生产的单片玻璃面积为1.92平方米。当你踏进3万平方米的巨大生产车间时，迎面而来的是一条长达560米的发电玻璃自动化生产线，在有条不紊地运行。各种设备一台挨着一台，错落有致，设备显示屏幕上不断闪烁着中英文双语菜单，少量的操作人员仅需按程序提示进行监控。整个生产过程的关键核心工序是对普通玻璃进行碲化镉气化镀膜：当玻璃被自动送入真空镀膜设备腔体后，玻璃就处在一个高温环境下，与此同时，喷涂机器手会将碲化镉晶体涂覆在玻璃表面上，而涂覆层非常薄，只有一根头发丝直径的1%。随着传送带的匀速运转，玻璃会持续向前快速移动，让碲化镉晶体连续在玻璃上“生长”，最终在普通玻璃表面形成一层黑色的碲化镉光电材料薄膜，即发电层。

接下来，每块发电玻璃的发电层还需要经过激光的刻蚀，将其

分隔成214个串联的小电池，所以，发电玻璃又被称为碲化镉太阳能电池[2]。它可以吸收95%以上的光能量，也就是说即便在光照强度较低的情况下也可实现光电转换产生电能，无须使用其他备份电源。两块发电玻璃合在一起，通过发电玻璃背面的接线盒，就能输出由太阳光转化而来的电能，再利用直流—交流逆变器就可以直接供用户使用。测试结果表明，一块重30千克、面积1.92平方米的发电玻璃，一年可发电约270千瓦时，使用两三块这样的发电玻璃，就能完全满足一个家庭的全年用电。研究人员计算了一下，三四千块碲化镉薄膜发电玻璃所产生的电量，就相当于一口普通油井一年产油可转化的发电量。

可以相信，不久的将来，发电玻璃会成为建筑方面的新宠，诸如建筑物的遮阳系统、幕墙、屋顶、门窗等安装发电玻璃发电会成为人们的一种选择。碲化镉薄膜发电玻璃具有很强的承载能力，还可以直接铺设在道路路面上，通过与电动汽车移动充电装置的交互衔接，让道路成为巨大的“移动充电宝”……

在太阳能发电系统中，利用碲化镉薄膜发电玻璃发电无疑将是最为走俏的发电形式。

① 碲化镉：是一种无机化合物，外形为黑色块状，也是一种重要的半导体材料。

② 碲化镉太阳能电池：是一种薄膜太阳能电池，一般由背电极、背接触层、吸收层、窗口层等组成。

钢铁穿山甲

小朋友，你坐过地铁吗？人们把地铁叫作“地下蛟龙”。在很深的地下钻石开洞都离不开一种机器，它叫盾构机。有趣的是人类发明盾构机最初的灵感来自船蛆。

18世纪末期，英国人计划修建一条横贯泰晤士河的隧道。当时英国刚刚完成了第一次工业革命，开启了机械替代手工劳动的新时代，可谓信心满满。但是，美好的理想总是和现实成反比。即便是英国当时拥有世界上最先进的机械工程技术，想修建如此大规模的

河底隧道，也是“难于上青天”。隧道开工后不久，就遇上了各种施工难题，频繁的透水事故让这项伟大的工程直接停摆。当时，负责主持隧道修建的法国工程师布鲁内尔父子整日为如何使用更为安全有效的隧道掘进方法而愁眉不展。

一个偶然的机会，小布鲁内尔发现了一种船蛆的进食行为。软体船蛆钻洞啃食船体木头时，总是用身体前端阀门状的器官啃食，而它身体尾端的两根管子留在洞外面。一根管子用来啃食木材时呼吸，另一根管子则用来排泄废物。为了避免与木材的摩擦，保护柔软的身体，船蛆在钻洞的时候，自身会分泌一种黏液，形成一圈薄薄的石灰质外壳保护自己。船蛆这种奇特的进食方式给了小布鲁内尔发明盾构机的灵感。1818年，布鲁内尔父子完善了盾构机的机械系统，设计了全断面螺旋式开挖的封闭式盾壳，也就是第一代手掘式盾构机。

从此以后，“地下航母”盾构机随着一代又一代的技术改进，在西方迅速发展，并在地下挖掘工程中，独领风骚。

新中国成立后，开凿隧道仍旧是以人工挖掘为主。“大锤砸钢

钎，打眼再放炮”便是当时的掘进方式。以这样的方式开凿隧道，施工人员的安全很难得到保障。到了20世纪80年代，中国的机械化水平有了提升。但是，掘进的机械化技术与国外成熟的盾构机技术相比，可以说还是落后了100年。

要想实现“穿山越河”，盾构机是绝对不能缺席的全能选手。从客观情况来看，我们不可能从研究“船蛆”开始研发盾构机。所以，摆在中国面前的就只有一条路——引进。20世纪70年代，我们国家耗资7亿元从德国引进了两台硬岩掘进机用于秦岭铁路隧道的修建。那个时代的7亿元，可谓天文数字。在购买过程中，德方拒绝还价，你爱买就买，不买拉倒。对于盾构机技术，也是高度保密。每次对盾构机进行维修检查时，德方技术人员会在周围拉起警戒线，禁止中方任何人员靠近。当时每天维修费用报价1万美元，从工程师

离开家时就开始计费。面对百般刁难，对盾构机技术知之甚少的中国，也只能选择隐忍。不过，这也激发起了中国科研人员研制国产盾构机的昂扬斗志。大家明白，依赖进口，只能是挨打受气，唯有自研，才有出路。

功夫不负有心人。2008年4月，中国第一台拥有自主知识产权的复合土压平衡盾构机成功下线。从2008年到2020年，中国用了12年的时间成功进入世界盾构机千台俱乐部行列。反观之，拥有1000台盾构机，日本三菱重工用了64年，德国海瑞克公司用了28年。

随着一系列盾构机关键技术的突破，以及各种类型盾构机的研发成功，2018年，中国的盾构机成功进军海外市场，在新加坡、印度、马来西亚、以色列等国家都可以看到中国盾构机的身影。中国现在每年出厂台数、拥有量、盾构隧道施工里程，均排名世界第

一。2020年9月，国内研制的直径16米级的盾构机“京华号”下线，整机长150米，总重量4300吨，是中国迄今研制的最大直径盾构机。

“起步晚，进步快。”这句话应该是对中国盾构机逆袭之路的一个精准概括。毫无疑问，当今中国研制的盾构机已处于世界领先水平。

基因是破译“生命天书”的钥匙

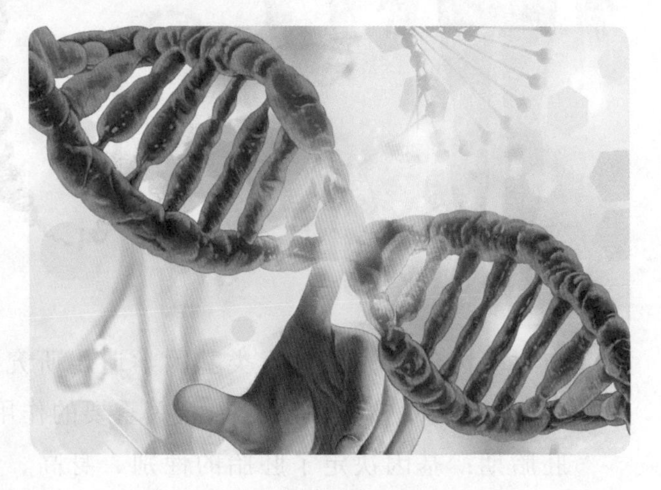

这个学期，婷婷在学校生物课上学到了不少有关基因的知识。她特别感兴趣，于是回到家后，恶补了不少基因学方面的知识。她还把找到的相关知识作了梳理，得到下列知识线条。

基因是遗传的物质基础，是DNA（脱氧核糖核酸）①分子上具有遗传信息的特定核苷酸序列的总称，是具有遗传效应的DNA分子片段。

基因工程是指将一种或多种生物体（供体）的基因与载体在体外进行剪接重组，然后转入另一种生物体（供体）内，使其按照人们的意愿遗传并表达出新的形状。

用通俗易懂的话说，基因就是一个生物个体自带的、唯一的、可遗传的有机成分。“种瓜得瓜，种豆得豆”就是这个道理。因此，基因是非常重要的。

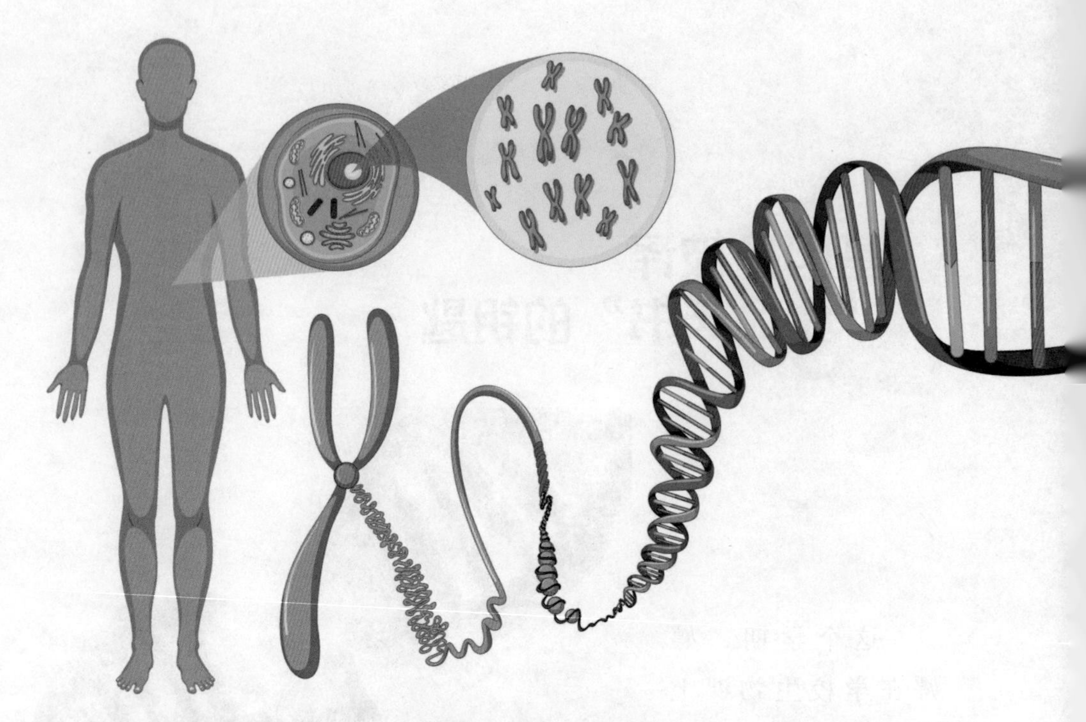

在对基因的研究中，人类基因学遗传研究又最有价值。因为在人的生命周期中，基因对人起着至关重要的作用。

胚胎期：基因决定了胚胎的性别、身高、体重、外貌等特征，并决定了胚胎的健康状况。

儿童期：基因决定了儿童的身高、体重、外貌特征，并决定了儿童的智力、记忆能力、情绪等方面的发展。

青春期：基因决定了人的性别特征，包括生殖器官的发育以及其他生理机能。

成人期：基因决定了人的体形、体重、身高、外貌特征，并与某些疾病相关，如高血压、糖尿病、恶性肿瘤等。

老年期：基因决定了人的身体和心理机能的衰退，包括新陈代谢、免疫功能等，也可能与某些老年疾病有关。

总的来说，基因在人类的生命周期中起着重要的作用，它决定了人的生长发育过程、生理特征和某些生理机能的发育，并与某些

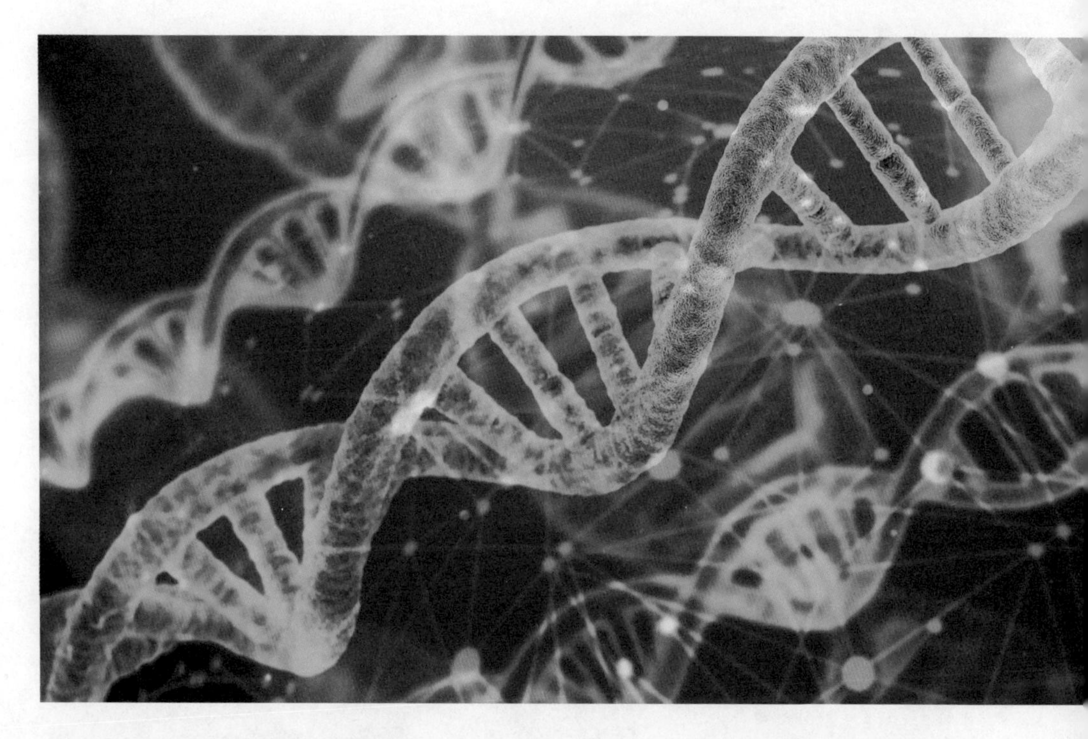

疾病相关。可以说，人的生、老、病、死都与人类基因组序列携带的遗传信息相关，其重要性不言而喻。

最先提出“人类基因组计划”研究的是美国，时间是1985年。后来，中、英、日、法、德相继参与了这一预算达30亿美元的跨国跨学科的国际“人类基因组计划”。按照这个计划的设想，在2005年，要把人体内约2.5万个基因的30亿个碱基[②]对的密码全部解开，同时绘制出人类基因的图谱，获得人类全面认识自我最重要的生物学信息。

中国“人类基因组计划”研究于1994年启动，由谈家桢、吴旻、强伯勤、陈竺、沈岩、杨焕明等一大批科学家参与研究、探索。中国在“人类基因组计划”中负责测定和分析3号染色体[③]，相当于3000万个核苷酸的区域，占人类基因组全部序列的1%。因此被称为人类基因组计划“1%项目”。

从1999年起，中国集中了一大批生物学研究人员参与这个项目。经过两年的研究探索，2001年，中国科学家提前高质量完成“1%项目”的基因序列图谱。

也许“1%项目”在整个国际“人类基因组计划”项目中有些微不足道，但它的成就给我国基因组学发展所带来的意义却是重大的。中国科学家通过参与这一被誉为生命科学“登月计划”的国际大科学计划，可以使中国平等分享该计划所建立的所有技术、资源和数据，并使中国成为世界上少数几个能独立完成大型基因组分析的国家，让这个人类科技史的重要里程碑上刻上了“中国”二字，并带动中国基因测序技术从追赶实现并跑，并逐渐走进全球第一

梯队。

同时，中国科学家还通过努力学习发达国家先进的生物技术，先后完成水稻基因组、小麦A基因组、新型冠状病毒的基因组研究，以及完成对大熊猫、家猪、家鸡、家蚕等动物基因组的测序工作，使中国基因组研究跻身世界前列。

中国杂交水稻事业的开创者和领导者、享誉海内外的著名农业科学家，被誉为“杂交水稻之父”的袁隆平先生，曾说他有个梦叫作“禾下乘凉梦”。那情景是水稻长得比高粱还高，穗子有扫帚那么长，籽粒有花生米那么大。为了实现这个梦想，袁隆平带领他的研究团队几十年坚持不懈，用尽洪荒之力，终于研究出了超级杂交水稻。这个研究成果就是将不同品种水稻各自身上带有的优良基因

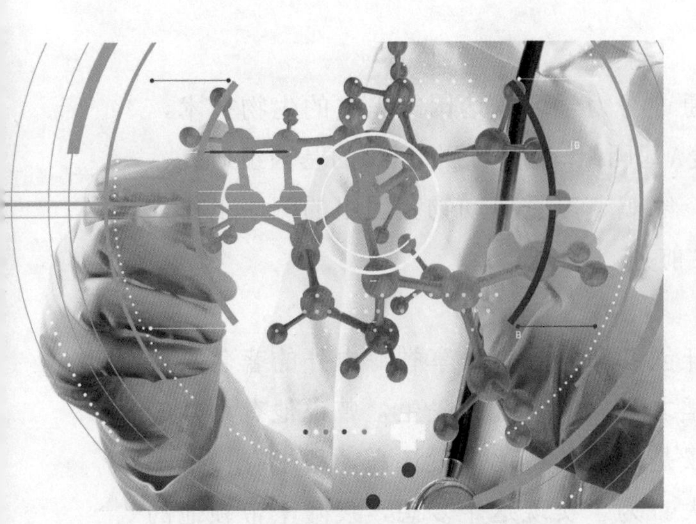

通过杂交育种的方式，使得所有对水稻生产有利的基因遗传到下一代水稻身上。通过这种方法，就从根本上将水稻生长过程中会出现的病虫害、产量不高等劣势全部摒弃。在种植水稻过程中，减少人力、物力、财力的付出，并能大幅度提高水稻的亩产量。这就是基因工程技术发挥的作用。

此外，对基因开展测序又是一种新的基因检测技术，基因测序技术具有测序信息丰富、测序时间短、测序过程简单、试剂消耗少等优势。比如它可以从一个人的血液或唾液中分析和确定出这个个体的整个基因序列，能够预测出患各种疾病的可能性、个体的行为特征等，判断是否患有癌症等严重疾病，是否具有运动天赋等。近年来，有许多地中海贫血、白血病等疾病患者受益于基因技术的应用被治愈。这些治疗奇迹给科学家带来了巨大的信心。基因测序技术的发展，可以让人类更早地发现疾病，从而获得更多的治疗机会，这对整个人类来说，是一件惊天动地的大好事。

基因工程的研究、探索也使得一些基因技术在人们的生活中得到实际运用。

在农牧业方面：运用基因工程技术，可以培养优质、高产、抗病性好的农作物。转黄瓜抗青枯病基因的甜椒、转黄瓜抗青枯病基因的马铃薯、不会引起过敏的转基因大豆、抗棉铃虫的棉花等的问世就得益于基因工程技术的运用。运用基因工程技术还培育出了生长快、耐不良环境、肉质好的转基因鱼和牛乳汁中含有人生长激素的转基因牛等。

在环境保护方面：利用基因工程做成的DNA探针能够十分灵敏地检测环境中的病毒、细菌等。利用基因工程培育的指示生物能十分灵敏地反映环境污染的情况，并不会因环境污染而大量死亡，甚至还可以吸收和转化污染物。

在医学方面：如果基因有异常会不可避免地导致各种疾病的出现，甚至某些缺陷基因可能会遗传

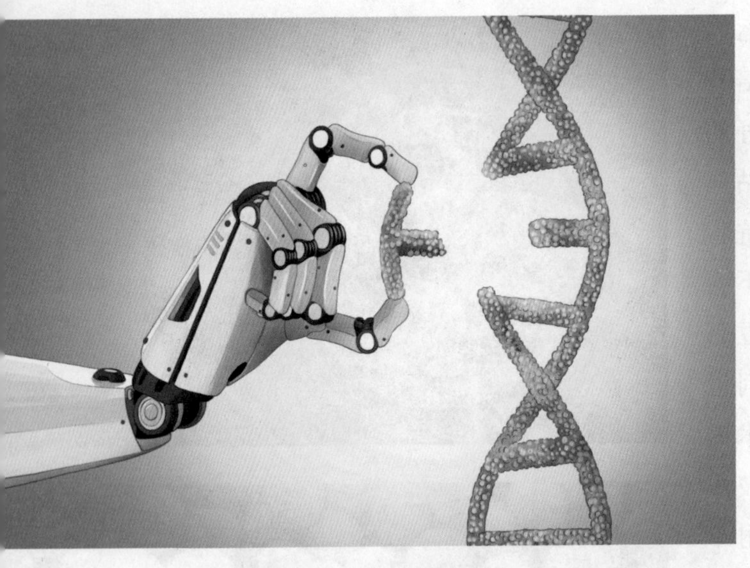

给后代。而让一个正常的基因来代替缺陷基因或者来补救缺陷基因的治疗，就可让人体避免罹患有关疾病和遗传原来的缺陷基因。此外，基因工程胰岛素、基因工程干扰素等药物都为患者提供了一种治疗疾病的新方案。

“人类基因组计划”项目的研究、扩展、延伸、创新，被称为“21世纪生命科学的敲门砖”。21世纪也被称为基因工程的时代。

①DNA（脱氧核糖核酸）：是生物细胞内含有的四种生物大分子之一核酸的一种，是生物体发育和正常运作必不可少的生物大分子。核酸广泛存在于所有动植物细胞、微生物体内。

②碱基：是脱氧核糖核酸（DNA）和核糖核酸（RNA）中记录生命基因的载体。碱基对是两个相互配对的碱基通过氢键连接起来的结构单元。

③3号染色体：分别来自父亲与母亲。这条染色体也是人体中第三大的染色体，约占人类DNA的6.5%。3号染色体携有高密度的与癌症相关的基因。

在海底种珊瑚

同学们，你们见过珊瑚吗？今天，我们就来讲讲珊瑚的故事。

早在5亿年前，珊瑚就已经生活在浩瀚的大海之中。它是一种非常古老而又原始的海洋生物，属腔肠动物门中的珊瑚虫纲。绝大多数的珊瑚是以群体形式存在的，由许多珊瑚虫手拉手、心连心联合在一起，形成活体组织。在活体组织底下是钙质骨骼，这些骨骼是由珊瑚虫不断堆积碳酸钙而形成的。常见的形状如树枝，多为红色，鲜艳美观，也有白色或黑色的。珊瑚虫的生存条件十分苛刻，水温不能太高或太低，最适宜的温度在23℃至27℃之间，还要有一个清洁的环境。

珊瑚虫吃什么呢？以什么方式进食？原来珊瑚虫像个可伸缩的小花，顶端有口部入。口的周围环绕着一圈或数圈触手。口的下面是一个囊袋状的腔肠。珊瑚虫利用触手过滤着海水中的杂质，并从中获取食物。它以捕食海洋里细小的浮游生物为生。珊瑚虫的个体

形态差异很大，小的珊瑚虫直径只有1毫米，大的达数10厘米，相差几百倍。白天，大多数珊瑚虫只露出含色素的组织以吸收阳光，到了晚上，一只只触手才伸出来。这些堆积的珊瑚虫群体，就是我们平常见到的形态各异的珊瑚树或者由珊瑚树堆积而成的珊瑚礁。

珊瑚主要有红珊瑚、白珊瑚、蓝珊瑚、金珊瑚、黑珊瑚五大类。为什么珊瑚会有五颜六色呢？那是因为在珊瑚上附着一种叫虫黄藻的藻类，它和珊瑚虫是相互依存的共生关系。它通过光合作用为珊瑚虫提供能量，虫黄藻靠珊瑚虫排出的废物生活。虫黄藻的存在，使得珊瑚是五颜六色的。如果环境不适，虫黄藻离开珊瑚虫，珊瑚就变成白色，然后慢慢死亡。

珊瑚礁被称作海洋中的“热带雨林”或是“海中绿洲”。全球现有珊瑚礁面积只占海洋总面积的不到2‰，却养育着全球25%的海洋生物，为近30%的海洋鱼类提供了生活的家园，抵御着海浪冲击。因此，珊瑚礁对海洋生态环境的优与劣起着至关重要的作用。根据近年来的科学调查，近30年，全世界的珊瑚礁有11%遭灭顶之灾而死亡，16%已不能发挥生态功能，60%正面临严重的生存危机。

珊瑚礁生态系统的退化和丧失是全球普遍面临的问题，珊瑚礁生态系统的修复已成为海洋生态学研究领域的热点和焦点。

我国珊瑚礁面积约3.8万平方千米，主要分布在华南大陆沿岸，台湾岛和海南岛沿岸，以及南海的东沙群岛、西沙群岛、中沙群岛和南沙群岛。其中南沙群岛的造礁珊瑚物种最为多样，拥有386种。珊瑚礁不只构成南海的生态系统，更具有重要的战略意义。

我国的珊瑚礁也曾退化严重，不过珊瑚礁修复已得到国家的高度重视，众多该领域的科研学者已投入到珊瑚礁保护、修复、再生的科研探索中。如今在我国南海海底已出现了20多万平方米珊瑚礁，有约12万株珊瑚树。这个了不起的成果离不开一个被叫作“珊瑚妈妈”的科研学者黄晖的贡献。

黄晖是中国科学院南海海洋研究所珊瑚生物学与珊瑚礁生态学科组的组长，从事珊瑚研究有20多年。

2002年，黄晖第一次在南海水下看到了密密麻麻的珊瑚，其间遍布鱼、龙虾、海参和海胆。然而她也看到了白化死亡后的珊瑚骨骸，如同森森白骨，让人毛骨悚然。

过去，我国珊瑚礁生物生态学研究比较薄弱。在2004年第十届世界珊瑚礁大会上，黄晖发现自己是中国大陆唯一的参会代表，其余的东方面孔均是来自其他国家和地区的科学家，她的内心感到无

比失落。自此暗下决心要在该领域走出一条中国特色科学保护、修复海底珊瑚的路，提高我国珊瑚礁研究的水平和地位。

2005年，黄晖带领团队进行了我国近海海洋环境调查。在那几年的时间里，黄晖的足迹遍布福建、广东沿海和南海的西沙、南沙等地，摸清了我国珊瑚礁的状况，为后续深入开展珊瑚生物生态学研究奠定了基础。

像植树造林一样在海底播种插条，为珊瑚礁拓展生存空间，这成了黄晖的研究目标。

与陆地上植树造林不同的是，海底种珊瑚的难度要大很多，且不说在水下作业费时费力，还有可能遇到危险或是被有毒的海洋生物攻击。种下的珊瑚还有可能被海上狂暴的台风摧毁，要真正种出一片珊瑚森林并不容易。而对于科学家，他们的目标不只要在南海种珊瑚，而且是要恢复整个珊瑚礁生态系统，让与珊瑚共存的海藻、海草、贝类、鱼蟹等生物也能和珊瑚共依共存。

2009年，黄晖开始带领团队尝试到海底去小面积繁殖和培育珊瑚。多次失败后，他们慢慢摸索出在不同海况环境下培育不同品种的方法。珊瑚虫可以进行无性和有性繁殖。为了开展研究，每到珊瑚虫排卵的时候，研究人员就会下到海底多日蹲守，获取珊瑚虫受精卵。他们对十多种珊瑚虫开展了有性繁殖的人工培育，掌握了人工控制条件下的珊瑚增殖技术。

同时，科学家也利用珊瑚虫的无性繁殖开展人工培育，在海里“种珊瑚”。他们将珊瑚切成手指大小的断枝，经过培育，再附着到预定海域的人工礁体上。如在海底钉上架子,上面吊绳，再把珊瑚绑在绳上，形成珊瑚树；或拉起网做成浮床,把珊瑚种在浮床上。钻孔、钉螺丝、绑扎带……这些工序在陆地上算不上复杂的操作，但到了海底，在压力和浮力的干扰下绝不轻松，不仅需要技术娴熟，更需要超强的体力。因为要背着很重的设备下潜海里，在海里一待就是一两个小时，有的时候一天要下潜4次。在海底如果不小心被海胆扎到，手会发炎、肿胀，钻心地疼。冬天潜水更艰苦，出水时的刺骨寒冷，导致全身发抖痉挛。面对常人难以承受的困难与挑战，热爱珊瑚研究的黄晖和她的团队没有后退半步，面对困难依然迎难而上。

珊瑚生长缓慢，最快的鹿角珊瑚一年大约能长10厘米，有的品种一年不到1厘米。然而经过20多年的努力，如今，黄晖团队已在南海成功种植了约20万平方米的珊瑚，珊瑚断枝成活率约75%。在局部海底区域，随着珊瑚礁生态系统的修复，逐渐恢复了五彩斑斓的生态环境。

黄晖带领团队致力于珊瑚繁殖生物学、恢复生态学的研究，探索出了适合不同类型珊瑚礁恢复的技术方法，获得了30多项发明专利，并在国内首次实现了珊瑚人工幼体培育，为珊瑚礁人工修复打下了坚实基础。黄晖也成为我国第一位从事海底珊瑚礁修复工作的女科学家。

鉴于黄晖在珊瑚礁生态学研究领域作出的突出贡献，她先后获得“中国科学院杰出科技成就奖”“国家生态环境保护专业技术领军人才”“中国海洋人物”等10余项荣誉。

在珊瑚培育过程中，黄晖把珊瑚视作自己的孩子，从选种、制订培育方案、开始培育、暂养到移植，每一步都用心完成。因为常年悉心照顾这些“珊瑚宝宝”，黄晖也有了一个温馨的称呼——“珊瑚妈妈”。

挖泥神器“天鲲号”

“在小小的花园里面挖呀挖呀挖，种小小的种子，开小小的花；在大大的花园里面挖呀挖呀挖，种大大的种子，开大大的花……”这是一首在幼儿园里传唱很广的儿歌。我国有一款国之重器，名叫“天鲲号”，它的本事就和儿歌里唱的一样，就是挖呀挖。今天我们就来认识一下挖泥神器“天鲲号”。

随着气候变暖，海平面的不断上升，属于我国的一些小岛或礁盘面临被淹没的危险，为了守护好祖国的领土、领海，我们国家在近几十年里对这些小岛、礁盘进行了扩展、加固。

扩展加固势必要填海造地，这需要大量的泥沙土石等建筑材料，而将大量的建筑材料从陆地运输到小岛、礁盘上，将会产生较高的运输成本，并拖延填海造地的工程进度。而利用海底泥沙为小

岛的扩展建设提供原材料，这是最便捷可行的方法。挖泥船就是专门用于海洋工程建设的特种船舶，它具有从海底挖掘泥沙并把它们输送到建筑工程中的功能。

挖泥船的制造技术曾被西方国家垄断。2006年之前，西方国家对挖泥船产品控制很严，只准许其企业向中国企业出售一些性能比较落后的产品，而且规定挖泥船的关键设备必须由厂方派遣的工程师控制，以防它的技术被中国窃取。面对西方对挖泥船国际市场的控制，我国开始了自主研发，终于在2006年成功研制出了“天狮号”挖泥船。随着我们国家生产技术和生产力的不断发展，随后又相继研制出了“天鲸号”和“天鲲号”挖泥船。这其中最耀眼的挖泥船当属“天鲲号”。

“天鲲号”挖泥船的自身长度为140米，宽度约28米。它可以24小时连续工作，每小时可以从海底挖掘出6000立方米的泥沙，足够装满上千辆卡车。它能够探入到35米以下的海下，挖掘海洋深处的泥沙。前几年“天鲲号”刚下水就前往我国南海地区执行任务，在短短几星期时间里就在南海造起了一座小岛，此后还相继用半年时间，吹沙填海造出了五个小岛，堪称现实版的“精卫填海”。

“天鲲号”挖泥船是我国自主研发的，船上任何一个小小的零件也都是中国生产制造的。“天鲲号”拥有四种不同的绞刀，这些绞刀保障了挖泥船作业时的连续性。这四种绞刀分别是通用绞刀、挖泥土地绞刀、挖岩石绞刀、重型挖岩绞刀。

“天鲲号”挖泥船的问世可以说是震惊了全球，是目前全球性能最强的挖泥船之一。中国已经宣布把它列入禁止出口技术名录。

中国新能源汽车弯道超车

随着人们生活水平的提高，在我国，家用汽车的普及率很高，几乎每个家庭都有一辆小汽车。与此同时，中国名牌汽车在国内国际汽车市场已获得人们认可，占有相当的市场份额，只因中国品牌汽车特别是实现“弯道超车”的新能源汽车，性价比越来越高。

传统燃油车面临两个大问题：一个是石油资源是不可再生的，无论地球上有多么巨大的储量，总有采尽的一天；另一个是汽油的燃烧对地球的自然环境是有污染的，环境的恶化会导致人类生存危机。因此，保护环境已被各个国家所认同。新能源汽车的研发制造成为世界上各大汽车企业的重点攻关项目。新能源汽车中有一种是以电为动能的纯电动汽车。这种汽车在运行过程中可以做到零污染，完全不会排放污染大气的有害气体。电动汽车的动力部分在运行中的噪声和振动频率都要远远小于传统内燃机，其舒适性要高于传统汽车。

中国新能源汽车制造是怎样实现弯道超车的呢？

首先，中国新能源汽车的制造成本较低。这得益于我国对新能源汽车产业发展的高度重视和政策扶持，以及我国汽车业的规模化

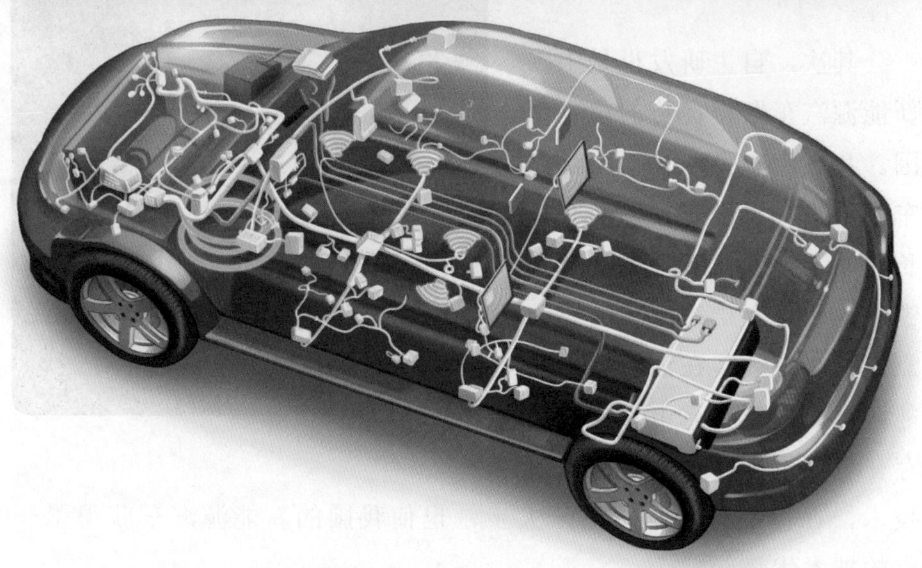

生产优势。随着我国汽车企业越来越多地参与到新能源汽车的生产中来，规模效应的作用也变得越来越明显，从而进一步降低了生产成本。也可以这样说，同样性能的新能源汽车，中国产的就更便宜更实用。

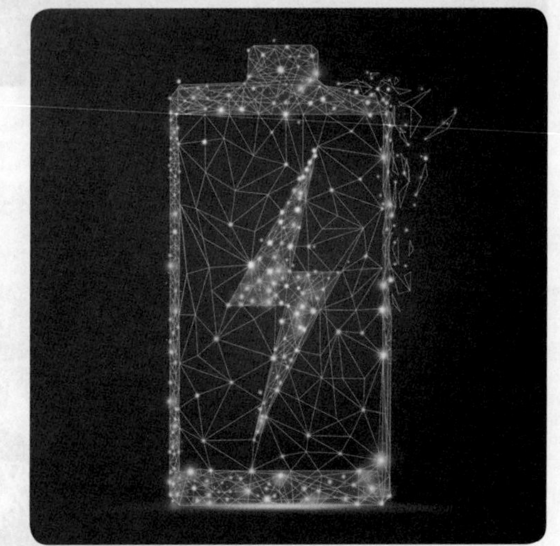

其次，自主研发也是中国新能源汽车取得优势的重要原因。我国汽车企业在新能源汽车领域进行自主研发已经有较长时间了，其代表性工程就是锂电池研发。传统汽车的驱动靠汽油，它被装在油箱里；新能源汽车的驱动靠电，它被储存在电池里。储存电的锂电池技术，在世界上我国领先一大步，也使我国的新能源汽车获得了一定的技术优势。

自1995年我国第一辆新能源车下线至今，近三十年时间里，我国新能源汽车产业逐步壮大，跑出了发展“加速度”。

我国的新能源汽车得到了全球的青睐。据有关资料显示，近几年，我国出口到欧洲市场、美国市场、东南亚市场的新能源汽车出口数量加速增长。

我国新能源汽车的技术优势有望继续扩大，引领未来整个新能源汽车产业的发展，成为“中国制造”一道亮丽的风景线。为绿色出行、环境保护以及可持续发展作出巨大贡献。

领跑世界的液态金属技术

同学们，你们看过科幻片《终结者》吗？里面的大反派T1000机器人就是由液态金属制成的。T1000机器人中弹后能够自动闭合伤口，被破坏后可以自我复原，还能够根据环境状况自动变形。

这种高科技液态金属的本领着实让我们惊讶。是的，钢铁这个硬邦邦的物质，通过特殊的处理，它会成为像无形的水一样的液态。老旧的量体温的温度计里面就有液态金属水银，你会非常直观地看到。

液态金属，顾名思义就是一种不定型、可流动的液体金属，主要就是以镓、铟作为基础材料，再配以其他的功能材料制成。它的出现被视为人类利用金属的第二次革命。液态金属在汽车工业、运动器材、机器人、航空航天、军工领域的应用具备非常大的潜力。

虽然《终结者》电影内容是虚构的，但谁也无法保证未来不会成为现实。

液态金属可以随意弯曲、折叠、变形，电阻也几乎保持不变。因为意识到它的重要性，2014年，美国的研究人员就将“液态金属冷却技术”列为未来前沿技术进行深入研究。有消息说美国正在研究如何把液态金属渗入军人作战服装，据说这种服装即使历经各种情况、各种地形下的战斗，也不会损坏。还有消息说美国或许在研制军人单兵作战的“外骨骼”。如果成真，那么包裹在液态金属下的兵和“终结者”也一样了，也打不死了。曾有一些美国科学家将自己的液态金属研发取得的成果称为“这是当今世界上唯一的液态金属制成的东西”。然而没过多久，一条我国数所高校联合研究团队发表的液态金属研究报告和取得多项成果的消息震惊了全世界。

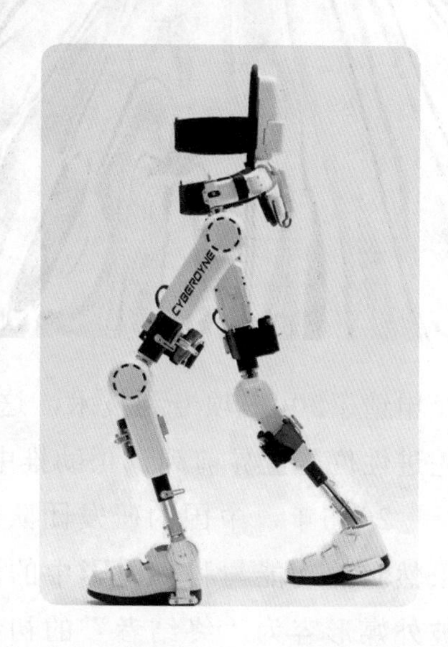

在中国的某个实验室出现了这样一幕：电解液中，直径约5毫米的

液态镓金属球，吞食了0.012克铝之后，能以每秒5厘米的速度前进。在各种槽道中前行时，可以随槽道的宽窄自动调整变形，遇到拐弯时停顿下来，略作“思考”后，会蜿蜒前行。它的神奇之处在于吃食物、自主运动、能变形、能代谢、易无缝组合、运动方向可控。这些接近自然界简单软体动物习性的特性，被称之为“液态金属软体动物”。

这一实验的完成说明了中国的科研人员攻克了液态金属制作技术。经过近几十年持续不断的研究创新，中国科学家们已经申请了200多项专利技术，这些技术的含金量非常高，其原创性和先进性位居世界前列，正助推中国领跑全球液态金属研究。

2015年，中国的研发团队研发出了世界首台液态金属机器人，虽然它的功能与科幻电影中的液态金属机器人不能相提并论，但也被外媒形容为“终结者”的初级版。这一突破从自然界生物进化的

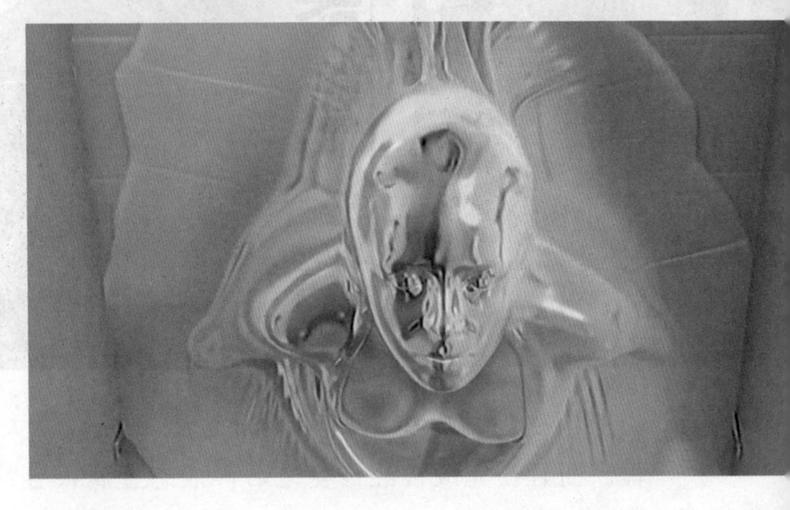

观点看，中国科学家们相当于已经培育出了液态金属细胞。

液态金属其实是一种金属玻璃，即在金属高温熔化后运用技术将其液态化的原子状态保留在其固态中，这样的金属的物理、化学、力学性质都同其本来固态化时有很大区别。液态金属每秒可以跑5厘米距离的特性，若运用在电力、电子行业，将有很好的节能性。此外液态金属还具有较高的抗腐蚀及高耐磨特性，运用在手机中会增加手机的抗摔、抗划能力。

众所周知，神经网络遍布于人体全身。据统计，有多达100种以上的因素均可造成人体神经破损。神经再生是一个极为缓慢的过程，有时甚至需要长达数年的时间。因为神经信号一旦中断，患者对应的肌肉功能就会随之减退，甚至丧失。我国的科研团队首次提出了具有突破性意义的液态金属神经连接与修复技术。即将恢复期

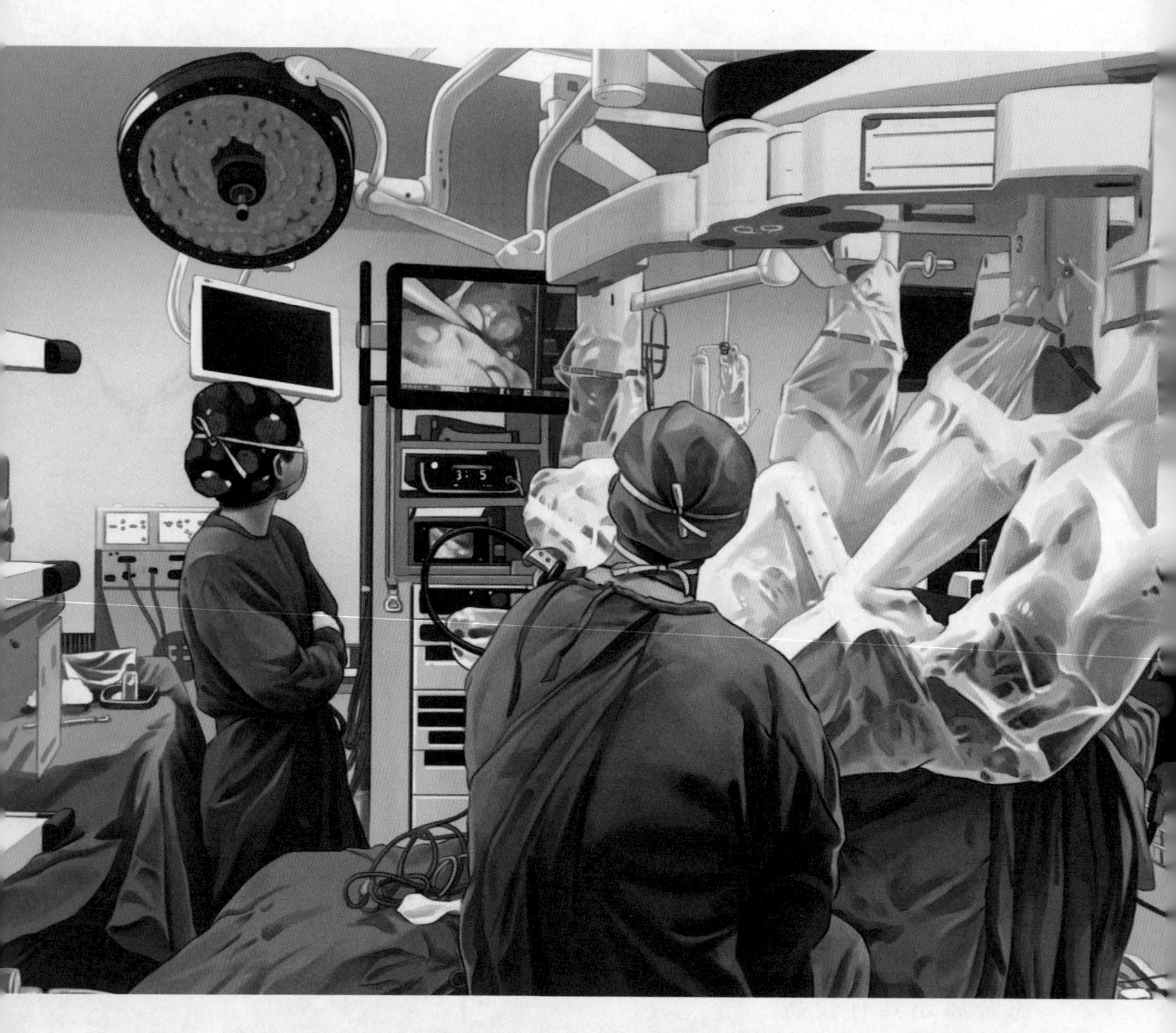

的肌肉神经信号持续高效地传达至目标，大大加速神经的修复过程。而且在完成神经修复之后，液态金属很容易通过注射器取出体外，从而避免了复杂的二次手术。这一方法为神经连接与修复开辟了全新方向。国际上诸多此专业的学者认为，这种技术一旦实现将是令人震惊的医学突破。

液态金属并不止一种，而是种类繁多的大家族。通过不同的金属和配比，可以获得不同性能的液态金属。我国有关研究团队的科学家表示，这种可以被3D打印成任意形状的特殊金属材料，可以摆脱其他刚体支撑物和溶液环境而站立，呈现出超大尺度变形和运动功能，且全部过程可逆。通过嵌入可编程的加热系统及一些设计，这种材料甚至可以模拟整个人形或动物形状或其局部脸形变化，成为更为高级的变形软体机器人。

液态金属的自主运动、变形、导电等特性为研制实用化智能马达、血管机器人、流体泵送系统、柔性执行器乃至更为复杂的液态金属机器人奠定了技术基础。由于“仿生物”液态金属机器人可以实现不同形态之间的自由转换，以执行高难度的特殊任务，因此可以在未来广泛应用于军事、医疗与科学探索等多种领域的多元场景中。

液态金属技术的研发，中国的科学家不仅做了，而且在领跑世界。

海上大力士——“振华30”起重船

在很多科幻片里，同学们可能看到过那些力大无穷的机器人，比如大黄蜂、机甲战士。每当生死一战时，正义的大力士都能力挽

狂澜完成拯救世界的使命。而机甲战士力拔山兮的力量是它们取胜的根本。

现实中，我们国家有一个大名鼎鼎的大力士，它的名字叫“振华30”。

“振华30” 是我们国家完全自主建造的世界上最大的起重船，自重约14万吨，单臂架1.2万吨的吊重能力和7000吨360度全回转的吊重能力位居世界第一，被誉为“海上大力士”和“军舰之母”。它是建造航空母舰和大型军舰必需的设备。

“振华30”船体长320米，宽58米，甲板面积相当于2.5个标准足球场。体量超过了全世界所有的现役航空母舰，排水量是航空母舰的两三倍。它的定位平衡系统、厘米级的精准对接等功能，都是惊艳世界的。

“振华30”主要应用于大件货物的装卸、海上大件吊装、海上救助打捞、桥梁工程建设和港口码头施工等。

2009年12月15日，我国港珠澳大桥正式开工建设。港珠澳大桥岛隧工程的海底隧道全长6.7千米，是世界上最长的公路沉管隧道和最大的深埋沉管隧道，需要33节巨型沉管在两岸分别沉放，实现海底合龙。实现海底隧道主体对接合龙的难度系数可谓超级大。然而我们的大国神器“振华30”的“海底穿针”绝活，完美解决了海底隧道合龙的问题。

“振华30”还拥有世界上最大的吊装能力，它单臂架可以吊起

1.2万吨的重物，约为45架空客A380飞机的总重量。

重心不平衡是所有起重机械都面临的问题，陆地的起重机可通过增大负重面积，多条腿解决平衡。作为世界上最大的海上吊装船，为防止倾覆，在工作中是如何保持平衡的呢？

“振华30”是通过压载水仓来维持船体平衡的。当船负重不均时，负重较轻的一侧的压载水舱会快速地注入一定量的压载水，通过海水的重量来保持船体的平衡。这一操作要求船只压载的速度和吊装速度保持匹配。“振华30”的平衡能力彰显了中国工程基建及海洋装备设计、制造的国际一流水平。

除了建设港珠澳大桥海底隧道，“振华30”还完成了一次重要的出国打捞任务，就是打捞韩国沉没的“世越号”客轮。

2014年，韩国“世越号”客轮发生严重的海难，造成476人中的304人死亡、失踪，遇难者大部分是高中生。这艘重达6800吨的大型客船，倾覆后沉入40米深的海洋底部。韩国政府曾经多次试图打捞这艘沉船，但始终未能成功。因此，韩国政府请求中国派遣 “振华30”前往韩国海域，打捞 “世越号”客轮。

“振华30”的到来，引起了全球媒体的广泛关注。它的规模之大，吊重能力之强，都让人们为之惊叹。在韩国海域，“振华30”迅速展开了打捞工作，使用单臂架将沉船缓缓地吊起，逐渐将其移动到水面上方。整个过程中，“振华30”的动作精准有力，展现出了高超的技术和能力。经过一年半的艰苦努力，“振华30”成功将“世越号”客轮完整地打捞上来。

如今，“振华30”已走出了国门，参与了不少国家的基础建设。作为我国的大国重器之一，“振华30”参与我国同各国、各地区的商务合作，展示了中国强大的重型装备制造实力，获得了更多的话语权和主动权。